新型职业农民科技培训教材

农产品质量安全

主　　编　葛　荣
副主编　唐　丹　邓　彬　陈　静
参编人员　沈晓玲　黄建轶　钟　攀
曾海山　刘　纳　凌秋育
刘　丽　施　波　吴亚姗
邓　强

电子科技大学出版社

图书在版编目（CIP）数据

农产品质量安全 / 《新型职业农民科技培训教材》编委会编.
—成都：电子科技大学出版社， 2012.10（2019.10 重印）
新型职业农民科技培训教材
ISBN 978-7-5647-1284-6

Ⅰ. ①农… Ⅱ. ①新… Ⅲ. ①农产品－质量管理－安全管理－技术培训－教材 Ⅳ. ①F326.5

中国版本图书馆 CIP 数据核字（2012）第 235262 号

新型职业农民科技培训教材
农产品质量安全
《新型职业农民科技培训教材》编委会　编

出　　版：电子科技大学出版社（成都市一环路东一段 159 号电子信息产业大厦　邮编：610051）
策划编辑：辜守义
责任编辑：辜守义
主　　页：www.uestcp.com.cn
电子邮箱：uestcp@uestcp.com.cn
发　　行：新华书店经销
印　　刷：郫县犀浦印刷厂
成品尺寸：130mm×195mm　印张 7　字数 150 千字
版　　次：2012 年 10 月第一版
印　　次：2019 年 10 月 第 14 次印刷
书　　号：ISBN 978-7-5647-1284-6
定　　价：14.80 元

◆ 本社发行部电话：028-83202463；本社邮购电话：028-83201495。
◆ 本书如有缺页、破损、装订错误，请寄回印刷厂调换。

新 型 职 业 农 民 科 技 培 训 教 材

编委会

编者的话

为贯彻落实中央1号文件和全国农业科技教育工作会议精神，加快培育新型职业农民，推进现代农业发展，保障国家粮食安全和主要农产品有效供给，“以传播农业知识，提高农民素质，促进农业生产，增加农民收入”为宗旨，我们组织有关职业技术院校的涉农专业教师和长期从事农业技术推广工作的资深专家，编写了这套具有较强针对性和实用性，又便于农民朋友学习、提高的培训教材，供各地开展新型职业农民培训时选用。

该套教材采用了国家最新标准、法定计量单位和最新名词、术语，并注重行业针对性和实用性，力求做到内容浅显易懂、图文并茂，让农民朋友易于学习、掌握。该套教材共涵盖种植、养殖、加工、农产品安全等四个大类，共20多种，是目前国内同类教材中最新的一套培训系列教材。

由于编写时间较为仓促，教材中难免存在不足和错误，诚望各位专家和广大读者批评指正。

《新型职业农民科技培训教材》编委会

2012年7月

目　录

第一部分　农产品质量安全管理的基本概念

1. 什么是农产品?

答：根据《农产品质量安全法》第二条的规定，农产品是指来源于农业的初级产品，即在农业活动中获得的植物、动物、微生物及其产品。

2. 什么是农产品质量安全?

答：农产品质量安全是指农产品必须符合国家法律、行政法规和国家标准、行业标准的质量安全规定，满足保障人的健康、安全的要求，不存在危及健康和安全的不合理的危险，不得超出有毒有害物质限量要求。

3. 影响农产品质量安全的危害是指什么?

答：影响农产品质量安全的危害是指农产品中潜在的将对人类、动植物健康或环境产生不良效应的生物、化学或物理性因子或条件。

4. 什么是农产品质量安全风险?

答：农产品质量安全风险是指将对人类、动植物健康或环境产生不良效应的可能性和严重性，这种不良效应是由农产品中的某种危害所引起的。

5. 什么是风险分析?

答：风险分析是指对人类、动植物健康或环境可能产生不良效应的危害进行评价，并在此基础上采取的规避或降低危害影响的措施。风险分析是由风险评估、风险管理和风险交流三个部分共同构成的一个过程。

6. 什么是风险评估?

答：风险评估是指在特定条件下，对动植物和人类或环境暴露于某危害因素产生或将产生不良效应的可能性和严重性的科学评价。风险评估包括危害识别、危害描述、暴露评估和风险描述四个步骤。

7. 什么是风险管理?

答：风险管理是指根据风险评估结果，对备选的管理方案进行权衡，并且在需要时选择和实施恰当的控制措施，包括管理和监控的过程。

8. 什么是风险交流?

答：风险交流是指在风险评估人员、风险管理人员、生产者、消费者和其他有关团体之间就与风险有关的信息和意见进行相互交流。

9. 什么是农产品质量安全信息?

答：农产品质量安全信息是指在监测检查或研究过程中获得的关于农产品质量安全方面的数据、新闻和知识等信息。主要包括：一是农产品质量安全总体情况及趋势预测信息。二是农产品质量安全监测、评价信息。三是农产品质量安全事件信息。四是其他农产品质量安全监管信息。

10. 什么是标准?

答：根据国际标准化组织（ISO）的定义，标准是以科学、技术、经验的综合成果为基础，以促进最佳社会效益为目的，经协商一致并经一个公认机构批准，在一定范围内共同遵守的技术性文件。我国按照适用范围划分，标准可分为国家标准、行业标准、地方标准和企业标准四类。按照法律的约束性可分为强制性标准和推荐标准两种。

11. 什么是农产品质量安全标准?

答：农产品质量安全标准是指依照有关法律、行政法规的规定制定和发布的农产品质量安全的强制性技术规范。一般是指规定农产品质量要求和卫生条件，以保障人的健康、安全的技术规范和要求。如农产品中农药、兽药等化学物质的残留限量，农产品中重金属等有害物质的允许量，致病性寄生虫、微生物或者生物毒素的规定，对农药、兽药、添加剂、保鲜剂和防腐剂等化学物质的使用规定等。我国现行的农产品卫生标准、无公害食品系列标准等相关的强制性国家标准和行业标准都属于农产品质量安全标准。

12. 什么是生产技术规范?

答：按照 ISO/IEC 第 2 号指南——《关于标准化和有关活动的通用术语及其定义》的定义，技术规范是规定产品、过程或服务应满足技术要求的文件。生产技术规范是对农业活动的原则性要求，如 NY/T14—1985《高产奶牛饲养管理规范》。农药安全使用间隔要求、兽药安全使用休药要求等都属于保障农产品质量安全的生产技术规范。

13. 什么是操作规程?

答：操作规程是对具体生产技术要求的落实，是农业生产的程序性规定，如 GB/T17317—1998《小麦原种生产技术操作规程》等。

14. 什么是有毒有害物质?

答：有毒有害物质是指威胁人体健康和生命安全的物质。

主要包括有毒有害重金属阳离子、非金属阴离子和有机污染物。

15. 什么是重金属?

答：重金属一般指比重在 5 以上的金属。农产品中有害重金属主要有镉、汞、铅、砷、铬等。

16. 什么是“三废”？

答：“三废”是指废水、废气和固体废物。废水是指人类在生产生活中排出的用过的水，包括从住宅、商业建筑物、公共设施和工矿企业排出的液体以及用水输送的废物及其与可能出现的地下水、地表水和雨水的混合物。废气是指矿物燃料燃烧、工业生产及垃圾、工业废物燃烧以及汽车行驶过程中排出的气体。固体废物是指人类在生产和消费过程中被丢弃的固体和泥状物质，包括从废水、废气中分离出来的固体颗粒。

17. 什么是农业投入品?

答：农业投入品是指农产品生产过程中使用或添加的物质，包括农药、兽药、农作物种子、水产苗种、种畜禽饲料和饲料添加剂、肥料、兽药器械、植保机械等农用生产资料产品。

18. 什么是农业投入品监督抽检?

答：农业投入品监督抽检是指为了防止不合格农业投入品用于农业生产，由农业部门组织检测机构和相关管理机构对生产、经营和使用的农业投入品，依据有关规定进行抽样、检验的活动。

19. 什么是农药?

答：农药是指用于预防、消灭或者控制危害农业、林业的病、虫、草和其他有害生物以及有目的地调节植物、昆虫生长的化学合成或者来源于生物、其他天然物质的一种物质或者几种物质的混合物及其制剂。

20. 什么是农药“三证”?

答：农药“三证”是指“农药登记证”，“产品标准证”，“生产许可证或生产批准证”。

21. 什么是假农药?

答：假农药是指：（1）以非农药冒充农药或者以此种农药冒充他种农药的；（2）所含有效成分的种类、名称与产品标签或者说明书上注明的农药有效成分的种类、名称不符的。

22. 什么是劣质农药?

答：劣质农药是指：（1）不符合农药产品质量标准的；（2）失去使用效能的；（3）混有导致药害等有害成分的。

23. 什么是农药残留?

答：农药残留是指部分农药来不及分解或性质稳定而残留累积在农作物及产品中，就叫农药残留。

24. 什么是农药残毒?

答：农药残毒是指残留农药对生物产生的毒性。

25. 什么是农药的安全间隔期?

答：农药的安全间隔期是指农产品在最后一次施用农药到收获上市之间的最短时间。在此期间，多数农药的有毒物质会因光合作用等因素逐渐降解，农药残留会达到安全标准，不会对人体健康造成危害。不同品种的农药有不同的安全间隔期。

26. 什么是农作物病虫害绿色防控?

答：农作物病虫害绿色防控是指在作物目标产量效益范围内,通过优化集成生物、生态、物理等技术并限量使用有毒农药，达到安全控制有害生物的行为过程。绿色防控是综合防治（IPM）的新体现。

27. 什么是肥料?

答：肥料是指施于土中或喷洒于作物地上部分，能直接或间接供给作物养分，增加作物产量，改善产品品质或能改良土壤性状，培肥地力的物质。直接供给作物必需营养的肥料称为直接肥料，如氮肥、磷肥、钾肥、微量元素和复合肥料。而另一些主要是为了改善土壤物理性质、化学性质和生物性质，从而改善作物的生长条件的肥料称为间接肥料，如石灰、石膏和细菌肥料。

28. 什么是测土配方施肥?

答：测土配方施肥是指以土壤测试和肥料田间试验为基础，根据土壤供肥性能、作物需肥规律和肥料效应，在合理施用有机肥的基础上，提出氮磷钾和中微量元素的适宜比例、用量，以及相应的施用技术（包括施用时间和施用方法），以满足作物均衡吸收各种营养，达到氮磷钾三要素平衡、有机养分与无机养分平衡、大量元素与中微量元素平衡，维持土壤肥力水平，减少养分流失和对环境的污染，达到高产、优质和高效的目的。通俗地讲，“测土”就是摸清土壤的家底，掌握土壤的供肥性能，就像医生看病，首先进行把脉问诊；“配方”就是根据土壤缺什么，确定补什么，就像医生针对病人的病症开处方抓“药”；“施肥”就是执行上述配方，合理安排基肥和追肥比例，同时根据肥料的特性，选择切实可行的施肥方法，并与其它农艺措施相配套，以发挥肥料的最大增产作用。

29. 什么是兽药?

答：兽药是指用于预防、治疗、诊断动物疾病或者有目的地调节动物生理机能的物质（含药物饲料添加剂），主要包括血清制品、疫苗、诊断制品、微生态制品、中药材、中成药、化学药品、抗生素、生化药品、放射性药品及外用杀虫剂、消毒剂等。

30. 什么是兽药残留?

答：兽药残留是指动物产品的任何可食部分所含兽药的母体化合物和其代谢物以及与兽药有关的杂质残留。兽药残留既包括原药，也包括药物在动物体内的代谢产物。

31. 什么是兽药休药期?

答：兽药休药期是指食用动物在最后一次使用兽药到屠宰上市或其产品（蛋、奶等）上市销售的最短期间。在此期间，兽药的有害物质会随着动物的新陈代谢等因素逐渐消失，兽药残留会达到安全标准，不会对人体健康造成危害。不同品种的兽药有不同的休药期。

32. 什么是农用薄膜?

答：农用薄膜是指用于农业生产的塑料薄膜，包括各种塑料地膜、大棚膜等。

33. 什么是农产品生产者?

答：农产品生产者是指从事种植、养殖等农产品生产活动的单位和个人，包括农产品生产企业、农民专业合作经济组织等中介组织和农民。

34. 什么是农产品生产企业?

答：农产品生产企业是指经工商行政管理部门登记并核发营业执照从事农产品生产的经济实体。包括专门从事农产品生产的企业、附加从事农产品生产的企业，也包括从事农产品生产的流通企业和商业企业。

35. 什么是农民专业合作经济组织?

答：农民专业合作经济组织是指从事某项专业生产或者经营的农民在自愿基础上联合建立的，以发展专项产品产业化经营和对成员提供服务为宗旨，以维护成员利益、增加成员收入为目的，实行自主经营、自主管理、自主服务、自负盈亏的合作经济实体。包括各类农业（农产品）专业协会、专业合作社和联合社等。

36. 什么是家庭农场?

答：家庭农场是指以家庭成员为主要劳动力，从事农业规模化、集约化、商品化生产经营，并以农业收入为家庭主要收入来源的新型农业经营主体。

37. 什么是农产品产地?

答：农产品产地是指植物、动物、微生物及其产品生产的相关区域。

38. 什么是农产品产地安全?

答：农产品产地安全是指农产品产地的土壤、水体和大气环境质量等符合生产质量安全农产品要求。

39. 什么是农产品生产基地?

答：农产品生产基地是指为了满足特定需求，人为确定或形成的具有一定幅员和产量规模的农产品生产区域。

40. 什么是“千斤粮万元钱粮经复合现代农业产业基地”？

答：“千斤粮万元钱粮经复合现代农业产业基地”是指在高标准农田建设区域，通过优化种植模式、科技创新和产业链打造，建成达到亩产千斤粮万元钱或吨粮 5000 元目标的现代农业产业基地。

41. 什么是农产品禁止生产区域?

答：农产品禁止生产区域是指由于人为或者自然的原因，

致使农产品产地中有毒有害物质超过产地安全相关标准，并导致所生产的农产品中有毒有害物质超过标准，经省级人民政府批准后，禁止生产农产品的区域。农产品禁止生产区域不一定是禁止生产所有农产品。有的地方不宜种植食用农产品，但可以种植非食用农产品。不能简单地把农产品禁止生产区域理解为不宜农用区域。

42. 什么是农业标准化基地?

答：农业标准化生产基地是指基地环境符合有关标准要求，在生产过程中严格按现行标准进行标准化管理的农业生产基地。标准化基地是标准化建设的重要内容，是在农业生产环节实践农业标准的主要手段，也是从源头解决农产品质量问题的重要措施。

43. 什么是农产品标准化生产?

答：农产品标准化生产是指按照标准要求，对农产品生产的产前、产中、产后进行全过程规范和控制。

44. 什么是农产品生产记录?

答：农产品生产记录是指农产品生产者在生产过程中，依据《农产品质量安全法》规定，对使用农业投入品，动物疫病，植物病、虫、草害的发生和防治，收获屠宰或者捕捞的日期等情况进行记录并依法将记录进行保存的制度。

45. 什么是优质农产品？

答：优质农产品是指质量优良的农产品，即不仅质量符合保障人的健康、安全的要求，而且在外观、营养、口感、风味等方面也能得到消费者青睐的农产品。

46. 什么是农产品质量标志？

答：农产品质量标志是指由国家有关部门制定并发布，加施于获得特定质量认证的农产品的证明性标识，如无公害农产品、绿色食品、有机农产品、地理标志农产品等的标志。

47. 什么是无公害农产品？

答：根据《无公害农产品管理办法》第二条的规定，无公害农产品是指产地环境、生产过程和产品质量符合国家有关标准和规范要求，经认证合格获得认证证书并允许使用无公害农产品标志的未经加工或者初加工的食用农产品。

48. 什么是无公害农产品产地认定？

答：无公害农产品产地认定是指对无公害农产品产地实施检查、检测、评审及颁发无公害农产品产地认定证书的过程。

49. 什么是无公害农产品产地认定整体推进？

答：无公害农产品产地认定整体推进是指以县（市、区）

级人民政府为申请主体，将全县的农产品产地统一向上一级农业行政主管部门申报，由省级农业行政主管部门对申报产地统一进行现场检查、统一环境监测和评价的无公害农产品产地认定方式。目前，四川省原则上只接受无公害农产品产地认定整体推进，不再接受单个无公害农产品产地的认定。

50. 什么是无公害农产品产地认定复查换证?

答：无公害农产品产地认定复查换证是指已获得无公害农产品产地认定证书的单位和个人在证书有效期，按照规定时限和要求提出重新取证申请，经确认合格准予换发新的无公害农产品产地证书的过程。

51. 什么是无公害农产品认证?

答：无公害农产品认证是指农业部农产品质量安全中心依据有关标准和规范对申请无公害农产品认证的单位或个人即申请人申报的产品进行合格评定，向评定合格的农产品颁发无公害农产品认证证书，并允许使用全国统一的无公害农产品标志的行为。

52. 什么是无公害农产品复查换证?

答：无公害农产品复查换证是指已获得无公害农产品认证证书的单位和个人在证书有效期满，按照规定时限和要求提出重新取证申请，经确认合格准予换发新的无公害农产品证书的过程。

53. 什么是无公害农产品认证现场检查？

答：无公害农产品认证现场检查是指在审查无公害农产品认证申报材料的过程中，根据需要对申请人的相关情况进行实地核实确认的过程。

54. 什么是无公害农产品检查员？

答：无公害农产品检查员是指经农业部农产品质量安全中心注册，在无公害农产品产地认定、产品认证和监督管理工作中，对产地环境、生产过程、产品质量及标志使用等进行文件审查、现场检查和监督检查的人员。

55. 什么是无公害农产品内检员？

答：无公害农产品内检员是指经培训合格取得农业部农产品质量安全中心颁发的《无公害农产品内检员证书》，并在无公害农产品生产单位负责无公害农产品标准化生产和质量安全管理的专业技术人员。

56. 什么是绿色食品？

答：绿色食品是遵循可持续发展原则,按照特定生产方式生产,经专门机构认定，许可使用绿色食品标志商标的无污染的安全、优质、营养类食品。为突出这类食品出自良好的生态环境，并能给人们带来旺盛的生命活力，因此将其称为绿色食品。

57. 什么是有机农业?

答：有机农业是指遵照有机农业生产标准，在生产中不使用化学合成的农药、化肥、生长调节剂和饲料添加剂等物质，遵循自然规律和生态学原理，协调种植业和养殖业的关系，采取一系列可持续发展的农业技术、以维持持续稳定的农业生产体系的一种农业生产方式。

58. 什么是有机农产品?

答：有机农产品是指来自有机农业生产体系，根据有机农业生产要求和相应标准生产加工，并且通过合法的、独立的有机食品认证机构认证的农副产品及其加工品。

59. 什么是农产品地理标志?

答：农产品地理标志是指标示农产品来源于特定地域，产品品质和相关特征主要取决于自然生态环境和历史人文因素，并以地域名称冠名的特有农产品标志。

60. 什么是农产品地理标志核查员?

答：农产品地理标志核查员是指在农产品地理标志登记工作中承担申报材料审查、现场核查、现场确认检查等相关任务并取得注册资格的专业人员。

61. 什么是农业转基因生物?

答：农业转基因生物是指利用基因工程技术改变基因组构成，用于农业生产或者农产品加工的动植物、微生物及其产品。主要包括：转基因动植物（含种子、种畜禽、水产苗种）和微生物；转基因动植物、微生物产品；转基因农产品的直接加工品；含有转基因动植物、微生物或者产品成分的种子、种畜禽、水产苗种、农药、兽药、肥料和添加剂等产品。

62. 什么是 QS 认证?

答：QS 是食品“质量安全”（Quality Safety）的英文缩写。带有 QS 标志的产品代表着经过国家的批准所有的食品生产企业必须经过强制性的检验，合格且在最小销售单元的食品包装上标注食品生产许可证编号并加印食品质量安全市场准入标志（“QS”标志）后才能出厂销售。没有食品质量安全市场准入标志的，不得出厂销售。

63. 什么是农产品包装?

答：农产品包装是指农产品分等、分级、分类后实施装箱、装盒、装袋、包裹等活动的过程和结果，其中也包括对农产品的清洗、分割、冷冻等活动。

64. 什么是农产品标识?

答：农产品标识是指用来表达农产品生产信息、质量安全信息和消费信息的所有标示行为和结果的总称，可以用文字、符号、数字、图案及相关说明物进行表达和标示。

65. 什么是农产品的保质期?

答：农产品的保质期是指在规定的贮存条件下，保持农产品质量安全水平和消费品质的最长时限或者允许销售的终止日期。

66. 什么是农产品的保鲜剂?

答：农产品的保鲜剂是指保持农产品新鲜品质，减少流通损失，延长贮存时间的物质。

67. 什么是农产品的防腐剂?

答：农产品的防腐剂是指防止农产品腐烂变质的物质。

68. 什么是农产品的添加剂?

答：农产品的添加剂是指为改善农产品品质和色、香、味以及加工工艺需要加入的物质。

69. 什么是农产品市场准入?

答：农产品市场准入是指对经认证的无公害农产品、绿色食品、有机农产品、地理标志农产品和经现场检测符合国家相关质量安全指标要求的农产品,准予进入市场经营销售,对检测不合格的农产品,禁止进入市场经营销售的管理制度。

70. 农产品市场准入的范围重点和准入品种各是什么?

答：农产品市场准入的范围重点在县级以上主要城区的大型批发市场、农贸市场、大型商场、超市、连锁店；准入的品种主要包括蔬菜、水果、肉类、禽蛋、水产品等初级农产品。

71. 四川省农产品市场准入的条件是什么?

答：四川省入市销售的农产品应符合以下条件：

（1）凡进入市场销售的上述农产品，应当随附下列 5 项中的任意一项证明材料：一是农产品生产单位或村民委员会、乡镇政府、县级农业行政主管部门指定的机构出具的产地证明和农产品质量安全检测机构出具的检验合格证明或农产品生产企业、农民专业合作社等出具的自律性检测合格证明。二是由畜牧兽医部门出具的动物及动物产品产地检疫合格证明。三是无公害农产品、绿色食品、有机农产品等质量安全认证有效证书复印件，以及近一年内农产品质量安全检测机构出具的产品检验合格证明。四是对于进口设限的农产品应具有我国政府认可的检验检测机构出具的质量安全检验合格证明。五是对未取得相关证明的农产品，除农民销售自种自养的少量农产品外，实行入市登记、现场检验，检验合格的方可进入市场销售；检验不合格的，禁止在市场销售。

（2）同一产地、同一产品连续3次抽检不合格的，其产区的相应品种6个月内禁止进入市场销售。

（3）具备包装条件的农产品，在包装、标识等方面必须符合国家或行业有关农产品质量标志管理规定。

72. 什么是农产品质量安全监测?

答：农产品质量安全监测是指由县级以上人民政府农业行政主管部门组织有关农产品质量安全管理机构和农产品质量安全检测机构，对生产中或者在批发市场、农贸市场、配送中心、超市等销售的农产品进行监督管理时所开展的抽样检测，并按规定对监测结果进行处理和信息公布的活动。

73. 什么叫动植物检疫?

答：动植物检疫是指法定检疫机构根据国家检疫法律法规，运用相应的技术、方法对动植物及其产品的疫病、害虫、杂草等有害生物进行检疫检验和监督处理，以防止危害动植物的疫病、害虫、杂草传播蔓延，保障农业生产安全。

74. 什么叫无害化处理?

答：无害化处理是指以物理、化学或生物的方法，对被污染的农产品进行适当的处理，防止不符合农产品质量安全标准的农产品流入市场和消费领域，确保其对人类健康、动植物和微生物安全、环境不构成危害或潜在危害。

75. 什么是农产品质量安全检测机构?

答：农产品质量安全检测机构是指省级以上人民政府农业行政主管部门依法授权的、为社会提供公正数据的农产品质量安全检测机构。其任务是承担授权范围内的农产品质量安全的监督检验、仲裁检验等公正检验工作。

76. 什么是复检?

答：复检是指被抽查人对监督抽查的结果有异议，应其申请对被抽查样品进行再次检验的活动。

77. 什么是快速检测方法?

答：快速检测方法是指检测速度相对较快、便于现场筛查的检测方法。其主要适合于定性和半定量测定，检测准确度相对要差一些。

78. 什么是寄生虫?

答：寄生虫是动物性寄生物的总称，其中通过食用农产品感染人体的寄生虫称为食源性寄生虫，主要包括原虫、节肢动物、吸虫、绦虫和线虫。

79. 什么是生物毒素?

答：生物毒素又称天然毒素，是指动植物和微生物中存在的某种对其他生物物种有毒有害作用的非营养性天然物质成分，或因贮存方法不当，在一定条件下产生的某种有毒成分。

80. 什么是微生物?

答：微生物是一类肉眼难以窥见、形体微小的生物的总称。包括原核生物界中的细菌、放线菌、蓝细菌；真菌界中的酵母菌、霉菌；原生生物界中的大多数藻类和原生动物；以及非细胞结构的病毒；有些微生物能引起人类和动植物的病害和工农业产品的腐烂变质。

81. 什么是查封?

答：查封是指在行政执法过程中，执法人员对涉案物品予以检查封存，禁止转移或者变卖的行为。

82. 什么是扣押?

答：扣押是指在行政执法过程中，执法人员对涉案物品予以扣留，以保持其证明力或者确保其不被转移、变卖的行为。扣押的对象主要是书证、物证、也包括涉案的动产。

83. 什么是农产品质量安全事故?

答：农产品质量安全事故是指对公众健康造成或者可能造成损害或者严重损害的安全事故。重大农产品质量安全事故是指涉及人数较多的群体性中毒或者出现死亡病例的重大安全事故。国家按食品安全事故的性质、危害程度和涉及范围，将重大食品安全事故分为特别重大食品安全事故（Ⅰ级）、重大食品安全事故（Ⅱ级）、较大食品安全事故（Ⅲ级）和一般食品安全事故（Ⅳ级）四级。

84. 什么是农产品质量安全责任追究制度?

答：农产品质量安全责任追究制度是指为确保农产品质量安全，依据《农产品质量安全法》的规定，对该法规定不得销售的农产品，从生产、经营和流通等各个环节的违法行为依法进行追究查明责任人，并对责任人依法予以处理或者向有关部门提出具体处理建议的制度。

85. 生产、销售不符合食品安全标准的食品，符合哪些情形应当认定为刑法第一百四十三条规定的“足以造成严重食物中毒事故或者其他严重食源性疾病”？

答：

（1）含有严重超出标准限量的致病性微生物、农药残留、兽药残留、重金属、污染物质以及其他危害人体健康的物质的；

（2）属于病死、死因不明或者检验检疫不合格的畜、禽、兽、水产动物及其肉类、肉类制品的；

（3）属于国家为防控疾病等特殊需要明令禁止生产、销售的；

（4）婴幼儿食品中生长发育所需营养成分严重不符合食品安全标准的；

（5）其他足以造成严重食物中毒事故或者严重食源性疾病的情形。

86. 生产、销售不符合食品安全标准的食品，符合哪些情形应当认定为刑法第一百四十三条规定的“对人体健康造成严重危害”？

答：

（1）造成轻伤以上伤害的；

（2）造成轻度残疾或者中度残疾的；

（3）造成器官组织损伤、导致一般功能障碍或者严重功能障碍的；

（4）造成10人以上严重食物中毒或者其他严重食源性疾病的；

（5）其他对人体健康造成严重危害的情形。

87. 生产、销售不符合食品安全标准的食品，符合哪些情形应当认定为刑法第一百四十三条规定的“其他严重情节”？

答：

（1）生产、销售金额20万元以上的；

（2）生产、销售金额10万元以上不满20万元，不符合食品安全标准的食品数量较大或者生产、销售持续时间较长的；

（3）生产、销售金额10万元以上不满20万元，属于婴幼儿食品的；

（4）生产、销售金额10万元以上不满20万元，一年内曾因危害食品安全违法犯罪活动受过行政处罚或者刑事处罚的；

（5）其他情节严重的情形。

88. 生产、销售不符合食品安全标准的食品，符合哪些情形应当认定为刑法第一百四十三条规定的“后果特别严重”？

答：

（1）致人死亡或者重度残疾的；

（2）造成3人以上重伤、中度残疾或者器官组织损伤导致严重功能障碍的；

（3）造成10人以上轻伤、5人以上轻度残疾或者器官组织损伤导致一般功能障碍的；

（4）造成30人以上严重食物中毒或者其他严重食源性疾病的；

（5）其他特别严重的后果。

89. 生产、销售有毒、有害食品，符合哪些情形应当认定为刑法第一百四十四条规定的“对人体健康造成严重危害”？

答：

（1）造成轻伤以上伤害的；

（2）造成轻度残疾或者中度残疾的；

（3）造成器官组织损伤导致一般功能障碍或者严重功能障碍的；

（4）造成十人以上严重食物中毒或者其他严重食源性疾病的；

（5）其他对人体健康造成严重危害的情形。

90. 生产、销售有毒、有害食品，符合哪些情形应当认定为刑法第一百四十四条规定的“其他严重情节”？

答：

（1）生产、销售金额20万元以上不满50万元的；

（2）生产、销售金额10万元以上不满20万元，有毒、有害食品的数量较大或者生产、销售持续时间较长的；

（3）生产、销售金额10万元以上不满20万元，属于婴幼儿食品的；

（4）生产、销售金额10万元以上不满20万元，一年内曾因危害食品安全违法犯罪活动受过行政处罚或者刑事处罚的；

（5）有毒、有害的非食品原料毒害性强或者含量高的；

（6）其他情节严重的情形。

91. 生产、销售有毒、有害食品，生产、销售金额多少万元以上，应当认定为刑法第一百四十四条规定的“致人死亡或者有其他特别严重情节”？

答：生产、销售有毒、有害食品，生产、销售金额50

万元以上，应当认定为刑法第一百四十四条规定的“致人死亡或者有其他特别严重情节”。

92. 在食品加工、销售、运输、贮存等过程中，违反食品安全标准，超限量或者超范围滥用食品添加剂，足以造成严重食物中毒事故或者其他严重食源性疾病的，怎么定罪处罚？

答：依照刑法第一百四十三条的规定以生产、销售不符合安全标准的食品罪定罪处罚。同时，在食用农产品种植、养殖、销售、运输、贮存等过程中，违反食品安全标准，超限量或者超范围滥用添加剂、农药、兽药等，足以造成严重食物中毒事故或者其他严重食源性疾病的，也适用该款的规定定罪处罚。

93. 在食品加工、销售、运输、贮存等过程中，掺入有毒、有害的非食品原料，或者使用有毒、有害的非食品原料加工食品的，怎么定罪处罚？

答：依照刑法第一百四十四条的规定以生产、销售有毒、有害食品罪定罪处罚。同时，在食用农产品种植、养殖、销售、运输、贮存等过程中，使用禁用农药、兽药等禁用物质或者其他有毒、有害物质的，在保健食品或者其他食品中非法添加国家禁用药物等有毒、有害物质的，也适用该款规定定罪处罚。

94. 生产、销售不符合食品安全标准的食品添加剂，用于食品的包装材料、容器、洗涤剂、消毒剂，或者用于食品生产经营的工具、设备等，构成犯罪的，怎么定罪处罚？

答：依照刑法第一百四十条的规定以生产、销售伪劣产品罪定罪处罚。

95. 以提供给他人生产、销售食品为目的，违反国家规定，生产、销售国家禁止用于食品生产、销售的非食品原料，情节严重的，怎么定罪处罚？

答：依照刑法第二百二十五条的规定以非法经营罪定罪处罚。同时，违反国家规定，生产、销售国家禁止生产、销售、使用的农药、兽药，饲料、饲料添加剂，或者饲料原料、饲料添加剂原料，情节严重的，依照该款规定定罪处罚。实施前两款行为，同时又构成生产、销售伪劣产品罪，生产、销售伪劣农药、兽药罪等其他犯罪的，依照处罚较重的规定定罪处罚。

96. 对生产、销售不符合食品安全标准的食品及有毒、有害食品的行为怎么定罪处罚？

答：根据最高人民法院、最高人民检察院《关于办理危害食品安全刑事案件适用法律若干问题的解释》，生产、销售不符合食品安全标准的食品及有毒、有害食品的，符合刑法第一百四十三条、第一百四十四条规定的，以生产、销售不符合安全标准的食品罪或者生产、销售有毒、有害食品罪定罪处罚，并判处生产、销售金额2倍以上的罚金。同时构成其他犯罪的，依照处罚较重的规定定罪处罚。

97. 明知他人生产、销售不符合食品安全标准的食品，有毒、有害食品，符合哪些情形的，以生产、销售不符合安全标准的食品罪或者生产、销售有毒、有害食品罪的共犯论处？

答：

（1）提供资金、贷款、账号、发票、证明、许可证件的；

（2）提供生产、经营场所或者运输、贮存、保管、邮寄、网络销售渠道等便利条件的；

（3）提供生产技术或者食品原料、食品添加剂、食品相关产品的；

（4）提供广告等宣传的。

98. 哪些物质应当认定为“有毒、有害的非食品原料”？

答：

（1）法律、法规禁止在食品生产经营活动中添加、使用的物质；

（2）国务院有关部门公布的《食品中可能违法添加的非食用物质名单》《保健食品中可能非法添加的物质名单》上的物质；

（3）国务院有关部门公告禁止使用的农药、兽药以及其他有毒、有害物质；

（4）其他危害人体健康的物质。

第二部分　农产品质量安全管理的法律法规

99.《中华人民共和国农产品质量安全法》(以下简称《农产品质量安全法》)是什么时候发布和实施的?

答:《农产品质量安全法》于2006年4月29日,由第十届全国人大常委会第二十一次会议表决通过,并于2006年11月1日起实施。

100.《中华人民共和国食品安全法》(以下简称《食品安全法》)是什么时候发布和实施的?

答:《食品安全法》于2009年2月28日由第十一届全国人民代表大会常务委员会第七次会议通过,并于2009年6月1日起实施。

101.《食品安全法》与《农产品质量安全法》如何衔接?

答:《食品安全法》第二条第六款规定,食用农产品的质量安全管理,遵守《农产品质量安全法》的规定。但是,制定有关食用农产品的质量安全标准、公布食用农产品安全有关信息,应当遵守本法的有关规定。

102. 为什么要制定《农产品质量安全法》？

答：为保障农产品质量安全，维护公众的身体健康，促进农业和农村经济的发展，制定本法。

（1）是坚持科学发展观，促进现代农业又好又快发展，保障农产品质量安全的现实要求。

（2）是构建和谐社会，维护最广大人民群众根本利益的可靠保障。

（3）是提升我国农产品竞争力，应对农业对外开放和参与国际竞争的重大举措。

（4）是推进依法行政，填补我国农产品质量安全监管法律空白的客观要求。

103.《农产品质量安全法》有哪些保障农产品质量安全的制度？

答：农产品质量安全的保障制度有：农产品质量安全信息发布制度、农产品生产记录制度、农产品包装与标识制度、农产品质量安全市场准入制度、农产品质量安全监测和监督检查制度、农产品质量安全事故报告制度和农产品质量安全责任追究制度等。

104. 农产品质量安全标准具有怎样的强制效力？

答：农产品质量安全标准一旦公布就具有法律效力，生产和销售农产品的主体，如农产品生产企业、农民合作经济组织、农产品销售企业、批发市场、农贸市场、配送中心和超市等，必须按照农产品质量安全标准的要求组织生产和销售，确保生产和销售的农产品各项参数达到农产品质量安全标准的要求。

105. 农产品禁止生产区域如何划定?

答:《农产品质量安全法》规定，农产品禁止生产区域由县级以上地方人民政府农业行政主管部门提出，报本级人民政府批准后公布。农产品禁止生产区域的划分，应当按照保障农产品质量安全的要求，根据农产品品种特性和生产区域的大气、土壤、水体中有害物质状况等因素确定。

106. 在有毒有害物质超过规定标准的区域内生产、捕捞、采集食用农产品和建立农产品生产基地是否违法?

答:属于违法行为。《农产品质量安全法》第十七条规定，禁止在有毒有害物质超过规定标准的区域生产、捕捞、采集食用农产品和建立农产品生产基地。

107. 哪些情形的农产品不得销售?

答:《农产品质量安全法》第三十三条规定，有以下情形之一的农产品，不得销售:

（1）含有国家禁止使用的农药、兽药或者其他化学物质的;

（2）农药、兽药等化学物质残留或者含有的重金属等有毒有害物质不符合农产品质量安全标准的；

（3）含有致病性寄生虫、微生物或者生物毒素不符合农产品质量安全标准的；

（4）使用的保鲜剂、防腐剂、添加剂等材料不符合国家有关强制性的技术规范的；

（4）其他不符合农产品质量安全标准的。

108. 农业投入品安全使用的直接责任人是谁?

答：《农产品质量安全法》规定，农业投入品安全使用的直接责任人是农产品生产者。

109. 农业生产记录必须做吗?

答：是。《农产品质量安全法》规定，农产品生产企业和农民专业合作经济组织应当建立农产品生产记录。鼓励其他农产品生产者建立农产品生产记录。

110. 农产品生产记录应当保存多少年?

答：《农产品质量安全法》规定，农产品生产记录应当保存二年。

111. 农产品生产过程中，对生产者有哪些要求?

答：《农产品质量安全法》对生产者有如下要求：

（1）农产品生产者应当合理使用化肥、农药、兽药、农用薄膜等化工产品，防止对农产品产地造成污染。

（2）农产品生产企业和农民专业合作经济组织应当建立农产品生产记录，如实记载下列事项：使用农业投入品的名称、来源、用法、用量和使用、停用的日期；动物疫病、植物病虫草害的发生和防治情况；收获、屠宰或者捕捞的日期。农产品生产记录应当保存二年。禁止伪造农产品生产记录。国家鼓励其他农产品生产者建立农产品生产记录。

（3）农产品生产者应当按照法律、行政法规和国务院农业行政主管部门的规定，合理使用农业投入品，严格执行农业投入品使用安全间隔期或者休药期的规定，防止危及农产品质量安全。禁止在农产品生产过程中使用国家明令禁止使用的农业投入品。

（4）农产品生产企业和农民专业合作经济组织，应当自行或者委托检测机构对农产品质量安全状况进行检测；经检测不符合农产品质量安全标准的农产品，不得销售。

（5）农民专业合作经济组织和农产品行业协会对其成员应当及时提供生产技术服务，建立农产品质量安全管理制度，健全农产品质量安全控制体系，加强自律管理。

112. 农产品质量安全的监督抽查要向被检查方收取费用吗？

答：不收取费用。同时上级农业行政主管部门监督抽查的农产品，下级农业行政主管部门不得另行重复抽查。

113. 对监督抽查检测结果有异议时该怎么办?

答:《农产品质量安全法》第三十六条规定，农产品生产者、销售者对监督抽查结果有异议的，可以自收到检测结果之日起五日内，向组织实施农产品质量安全监督抽查的农业行政主管部门或者其上级农业行政主管部门申请复验。对采用国务院农业行政主管部门会同有关部门认定的快速检测方法进行农产品质量安全监督抽查检测的，被抽查人对检测结果有异议时，可以自收到检测结果时起四小时内申请复检。

114. 农产品批发市场和销售企业有哪些责任?

答:《农产品质量安全法》 第三十七条规定:

(1)农产品批发市场应当设立或者委托农产品质量安全检测机构，对进场销售的农产品质量安全状况进行抽查检测；发现不符合农产品质量安全标准的，应当要求销售者立即停止销售，并向农业行政主管部门报告。

(2) 农产品销售企业对其销售的农产品，应当建立健全进货检查验收制度；经查验不符合农产品质量安全标准的，不得销售。

115. 发现农产品质量安全事故时该怎么办?

答：发现农产品质量安全事故后，有关单位和个人应当立即采取控制措施，及时向所在地乡级人民政府、县级人民政府农业行政主管部门和食品安全综合协调机构报告。发现重大农产品质量安全事故发生时，市（州）、县级农业行政主管部门应当及时报告同级人民政府、上级农业行政主管部门、同级食品安全综合协调机构和相关监管部门。报告遵循由下至上逐级报告原则，允许越级上报。

116. 农产品质量安全事故的报告时限要求是什么？

答：《四川省农业厅重大农产品质量安全事故应急预案》中规定，特别重大和重大农产品质量安全事故发生地有关责任报告单位，应在知悉事故后 1 小时内做出初次报告。较大农产品质量安全事故发生地有关责任报告单位，应在知悉事故后 2 小时内做出初次报告。一般农产品质量安全事故发生地有关责任报告单位，应在知悉事故后 1 日内做出初次报告。要根据事故处理进程或者上级要求随时做出阶段报告；在事故处理结束后 7 日内做出总结报告。

117.《国务院关于加强食品安全的决定》出台的时间与目标是什么？

答：2012 年 6 月 23 日，国务院印发《关于加强食品安全的决定》（国发[2012]20 号，以下简称〈决定〉），其工作目标是通过不懈努力，用 3 年左右的时间，使我国食品安全治理整顿工作取得明显成效，违法犯罪行为得到有效遏制，突出问题得到有效解决；用 5 年左右的时间，使我国食品安全监管体制机制、食品安全法律法规和标准体系、检验检测和风险监测等技术支撑体系更加科学完善，生产经营者的食品安全管理水平和诚信意识普遍增强，社会各方广泛参与的食品安全工作格局基本形成，食品安全总体水平得到较大幅度提高。

118.《决定》对加强食用农产品监管有何具体要求?

答:《决定》要求加强食用农产品监管。完善农产品质量安全监管体系，加快推进乡镇农产品质量安全监管公共服务机构建设，开展农产品质量安全监管示范县创建，着力提高县级农产品质量安全监管执法能力。严格农业投入品生产经营管理，加强对食用农产品种植养殖活动的规范指导，督促农产品标准化生产示范园(区、场)、农民专业合作经济组织、食用农产品生产企业落实投入品使用记录制度。扩大对食用农产品的例行监测、监督抽查范围，严防不合格产品流入市场和生产加工环节。加强对农产品批发商、经纪人的管理，强化农产品运输、仓储等过程的质量安全监管。加大农产品质量安全培训和先进适用技术推广力度，建立健全农产品产地准出、市场准入制度和农产品质量安全追溯体系，强化农产品包装标识管理。健全畜禽疫病防控体系，规范畜禽屠宰管理，完善畜禽产品检验检疫制度和无害化处理补贴政策，严防病死病害畜禽进入屠宰和肉制品加工环节。加强农产品产地环境监管，加大对农产品产地环境污染治理和污染区域种植结构调整的力度。

119.《决定》要求乡(镇)政府和街道办事处具体承担哪些责任?

答:《决定》要求乡(镇)政府和街道办事处将食品安全工作列为重要职责内容，主要负责人要切实负起责任，并明确专门人员具体负责，做好食品安全隐患排查、信息报告、协助执法和宣传教育等工作。乡（镇）政府、街道办事处要与各行政管理派出机构密切协作，形成分区划片、包干负责的食品安全工作责任网。在城市社区和农村建立食品安全信息员、协管员等队伍，充分发挥群众监督作用。基层政府及有关部门要加强对社区和乡村食品安全专、兼职队伍的培训和指导。

120.《决定》要求食品安全生产经营单位具体承担哪些责任?

答:《决定》要求食品生产经营单位要依法履行食品安全主体责任，配备专、兼职食品安全管理人员，建立健全并严格落实进货查验、出厂检验、索证验票、购销台账记录等各项管理制度。规模以上生产企业和相应的经营单位要设置食品安全管理机构，明确分管负责人。食品生产经营单位要保证必要的食品安全投入，建立健全质量安全管理体系，不断改善食品安全保障条件。要严格落实食品安全事故报告制度，向社会公布本单位食品安全信息必须真实、准确、及时。进一步健全食品行业从业人员培训制度，食品行业从业人员必须先培训后上岗并由单位组织定期培训，单位负责人、关键岗位人员要统一接受培训。

121.《决定》要求食品生产经营企业负责人具体承担哪些责任?

答:《决定》要求食品生产经营企业法定代表人或主要负责人对食品安全负首要责任，企业质量安全主管人员对食品安全负直接责任。要建立健全从业人员岗位责任制，逐级落实责任，加强全员、全过程的食品安全管理。严格落实食品交易场所开办者、食品展销会等集中交易活动举办者、网络交易平台经营者等的食品安全管理责任。对违法违规企业，依法从严追究其负责人的责任，对被吊销证照企业的有关责任人，依法实行行业禁入。

122.《决定》对不符合安全标准的食品该如何处置？违法规定应受到什么处罚？

答:《决定》要求食品生产经营者要严格落实不符合食品安全标准的食品召回和下架退市制度，并及时采取补救、无害化处理、销毁等措施，处置情况要及时向监管部门报告。对未执行主动召回、下架退市制度，或未及时采取补救、无害化处理、销毁等措施的，监管部门要责令其限期执行；拒不执行的，要加大处罚力度，直至停产停业整改、吊销证照。食品生产经营者因食品安全问题造成他人人身、财产或者其他损害的，必须依法承担赔偿责任。

123. 食用农产品的质量安全标准有什么新要求？

答:《食品安全法》第二十一条规定，食品安全国家标准由国务院卫生行政部门负责制定、公布，国务院标准化行政部门提供国家标准编号；食品中农药残留、兽药残留的限量规定及其检验方法与规程由国务院卫生行政部门、国务院农业行政部门制定。

124. 公布食用农产品安全有关信息有什么要求?

答:《食品安全法》第八十二条规定，国家建立食品安全信息统一公布制度；国家食品安全总体情况、食品安全风险评估信息和食品安全风险警示信息、重大食品安全事故及其处理信息、其他重要的食品安全信息和国务院确定的需要统一公布的信息由国务院卫生行政部门统一公布；对食品安全风险评估信息和食品安全风险警示和重大食品安全事故及其处理信息，其影响限于特定区域的，也可以由有关省、自治区、直辖市人民政府卫生行政部门公布；县级以上农业行政、质量监督、工商行政管理、食品药品监督管理部门依据各自职责公布食品安全日常监督管理信息。《四川省<中华人民共和国农产品质量安全法>实施办法》第五条规定，省农业行政主管部门按照职责权限公布有关农产品质量安全状况信息。

125. 农产品质量安全信息发布的主要内容包括哪些?

答：农产品质量安全信息发布的主要内容包括：农产品质量安全例行监测、监督抽查、专项监测结果等信息；农产品因生产引起的质量安全事故及其处理情况等信息；消费者或媒体反映的农产品质量安全问题的调查核实及处理情况等信息；其它依法由农业部门发布的农产品质量安全信息。

126. 对不按规定发布农产品质量安全信息的行为怎么处罚?

答：县级以上人民政府农业行政主管部门应当依照按照规定及时报告、通报和会商将要发布的农产品质量安全信息，不得迟报、瞒报、不报。因发布不当造成不良后果的，由上级农业行政主管部门给予通报批评，严重的依法依规追究有关责任人的行政责任。

127.《四川省〈中华人民共和国农产品质量安全法〉实施办法》(以下简称《实施办法》)是什么时候发布和实施的?

答:《实施办法》于2009年2月17日，经省人民政府第26次常务会议通过，自2009年6月1日起施行。

128.《实施办法》规定，农产品产地环境发生变化或产地周围新增污染源时，如何处置?

答:《实施办法》第十六条规定，农产品生产者应当及时向当地环保和农业行政主管部门报告。

129.《实施办法》规定，农业投入品经营者有何义务和责任?

答:《实施办法》第十九条规定，农业投入品经营者应当建立农业投入品进货和销售台账，如实记录投入品名称、规格、数量、供货商及其联系方式、进销货时间、销售去向等内容，保存期限不得少于二年；应当向购买者出具销售凭证，正确说明农业投入品使用方法和注意事项。禁止销售非法生产、质量不合格以及国家禁止的农药、兽药、肥料、饲料和饲料添加剂、畜牧兽医器械或其他添加物。农业投入品有质量安全隐患，生产企业应当召回，经营者应当停止销售，使用者应当停止使用，并向有关监督管理部门报告。

第三部分　农产品安全生产

130. 农业专业合作经济组织和企业在农产品生产过程中的责任有哪些?

答：主要责任有：按照相关法律法规选用适宜的农业投入品；严格执行农产品生产技术规程；建立生产基地的管理措施；建立投入品的管理办法；建立和保存农产品生产记录档案；培养生产单位内部的负责质量安全的内检员；建立农产品销售前的自检制度等。

131. 哪些单位应该开展农产品质量安全自检?

答：农产品生产企业和农民专业合作经济组织，在销售前应当对农产品的质量安全状况进行自检。这里所说的“自检”主要包括两种方式：一种是农产品生产企业和农民专业合作经济组织自己具有检测仪器，由本企业或本组织的检测人员自行进行检测的方式；另一种是农产品生产企业和农民专业合作经济组织自身没有检测仪器、人员，通过委托有关检测机构进行检测的方式。

132. 农产品生产记录档案包括哪些内容?

答：包括：农药购买记录、农药使用情况、肥料购买记录、肥料使用情况、农事记录。

133. 无公害农产品内检员的职责是什么？

答：

（1）负责收集农产品质量安全管理方面政策规定，组织制（修）订本单位无公害农产品质量安全管理文件和生产技术规程；

（2）贯彻落实本单位无公害农产品质量安全管理制度，指导建立无公害农产品生产记录档案；

（3）组织开展无公害农产品质量安全内部检查及改进工作；

（4）承办无公害农产品产地认定产品认证的组织申报工作；

（5）配合无公害农产品管理机构做好日常监督检查工作。

134. 施肥对农产品质量安全有哪些影响？

答：肥料使用得当可以提高农产品产量和质量，提高农产品的风味和耐贮性。但过量使用或不合理使用将对农产品质量产生负面影响。其影响主要来自两个方面，一是养分失调，造成农产品质量下降；二是过量施用氮肥，造成植物体内硝酸盐、亚硝酸盐含量过高，其中对蔬菜作物影响最大

表 1　农药购买记录

生产单位名称：　　　　　法人代表：　　　　　填表人：　　　　　年　　月　　日

农药名称	数量	注册商标	生产厂家	批号	执行标准	登记证号	销售单位	用途	贮藏地点	购进日期	购买人签字

表 2　农药使用情况

<table>
<tr><td>作物名称</td><td colspan="4"></td><td>种植面积</td><td colspan="4"></td></tr>
<tr><td>播种时间</td><td colspan="4"></td><td>收获时间</td><td colspan="4"></td></tr>
<tr><td>农药名称</td><td>登记证号</td><td>类型</td><td>剂型规格</td><td>防治对象</td><td>使用方法</td><td>使用量</td><td>一个生产周期使用次数</td><td>末次使用时间</td><td>安全间隔期</td></tr>
<tr><td></td><td></td><td></td><td></td><td></td><td></td><td></td><td></td><td></td><td></td></tr>
</table>

表 3　肥料购买记录

生产单位名称：　　　　法人代表：　　　　填表人：　　　　年　月　日

肥料名称	数　量	注册商标	登记证号	生产单位	批　号	销售单位	贮藏地点	购进日期	购买人签名

表 4　肥料使用情况

肥料名称	登记证号	使用范围	使用方法	使用量	一个生产周期使用次数	末次使用时间

表5　农事记录

生产单位名称：　　　　法人代表：　　　　填表人：　　　　年　月　日

作物名称		品种名称		来源地及单位		种植面积		检疫情况	
日　期	农事活动							生产者签名	

135. 合理施肥的原则是什么？农产品生产中怎样合理使用肥料？

答：合理施肥的原则是坚持有机肥料与无机肥料相结合；坚持因土因作物合理施肥、缺素补素，平衡施肥；确定合理的轮作施肥制度，合理调配养分；坚持合理的施肥技术，提高肥料利用率。

136. 农药的类型有哪些？

答：农药品种众多，我国现有农药600多种，常用的300多种。根据农药的用途，通常把农药分为杀虫剂（包括杀螨剂，如吡虫啉、毒死蜱、高效氯氰菊酯、异丙威等）、杀菌剂（如多菌灵、代森锰锌、井冈毒素等）、除草剂（如草甘膦、百草枯、莠去津、烯禾啶、敌稗等）、植物生长调节剂（如芸薹素内酯、多效唑、赤霉素等）和杀鼠剂（如杀鼠醚、溴敌隆等）。

137. 农药标签包括哪些内容？

答：根据《农药管理条例》规定，农药产品包装必须贴有标签或者附具体说明书。标签应当紧贴或印制在农药包装物上。标签或者农药包装物应当注明农药名称、产品批号和农药登记证号或者临时登记证号、农药生产许可或农药生产批准文号、产品执行标准号以及农药的有效成分、含量、重量、毒性、用途、使用技术、使用方法、生产日期、有效期和注意事项等。

138. 农作物病虫害防治应遵循的主要原则是什么?

答：防治农作物病虫害时，应贯彻“预防为主，综合防治”的方针，以农业防治为基础，尽量采用生物、物理、生态防治等有效的非化学防治手段；必须使用化学农药时，要采用高效、安全的化学农药，严格执行《农药安全使用标准》（GB4285）和《农药合理使用准则 1～5》（GB8321.1～GB8321.5），不得超出其使用范围。

139. 几种常见农药安全间隔期是多久?

答：

（1）杀菌剂

75%百菌清可湿性粉剂 7 天；77%可杀得可湿性粉剂 3～5 天；50%扑海因可湿性粉剂 4～7 天；70%甲基托布津可湿性粉剂 5～7 天；50%农利灵可湿性粉剂 4～5 天；50%加瑞、58%瑞毒霉锰锌可湿性粉剂 2～3 天；64%杀毒矾可湿性粉剂 3～4 天。

（2）杀虫剂

10%氯氰菊酯乳油 2～5 天；25%溴氯菊酯 2 天；2.5%功夫乳油 7 天；5%来福灵乳油 3 天；5%抗蚜威可湿性粉剂 6 天；18%爱福广乳油 7 天；10%快杀敌乳油 3 天；40.7%乐斯本乳油 7 天；20%灭扫利乳油 3 天；20%氰戊菊酯乳油 5 天；35%优杀硫磷 7 天；20%甲氰菊酯乳油 3 天；10%马扑立克乳油 7 天；25%喹硫磷乳油 9 天；50%抗蚜威可湿性粉剂 6 天；5%多来宝可湿性粉剂 7 天。

（3）杀螨剂

50%溴螨酯乳油 14 天；50%托尔克可湿性粉剂 7 天。

（4）除草剂

41%草甘膦异丙胺盐水剂应用于茶树上 3 天，74.7%草甘膦异丙胺盐水溶性粒剂应用于柑橘上 35 天。

140. 我国禁止生产、销售和使用的农药有哪些?

答：目前，我国明令禁止生产、销售和使用的农药有 33 种，包括六六六，滴滴涕，毒杀芬，二溴氯丙烷，杀虫脒，二溴乙烷，除草醚，艾氏剂，狄氏剂，汞制剂，砷、铅类，敌枯双，氟乙酰胺，甘氟，毒鼠强，氟乙酸钠，毒鼠硅、甲胺磷、对硫磷、甲基对硫磷、久效磷、磷胺、苯线磷、地虫硫磷、甲基硫环磷、磷化钙、磷化镁、磷化锌、硫线磷、蝇毒磷、治螟磷、特丁硫磷。

其中苯线磷、地虫硫磷、甲基硫环磷、磷化钙、磷化镁、磷化锌、硫线磷、蝇毒磷、治螟磷、特丁硫磷等 10 种农药自 2013 年 10 月 31 日起禁止销售和使用。

141. 替代甲胺磷等五种高毒农药防治水稻害虫的推荐农药品种有哪些?

答：替代农药品种主要有：

（1）有机磷类三唑磷、毒死蜱、哒嗪硫磷、乙酰甲胺磷、(美曲膦酯（敌百虫）、敌敌畏、辛硫磷、马拉硫磷；

（2）昆虫生长调节剂类噻嗪酮、氟铃脲；

（3）生物源类 Bt、阿维菌素；

（4）沙蚕毒素类杀螟丹、杀虫安、杀虫单；

（5）其他氟虫腈、吡虫啉、定虫脒、噻虫嗪。

142. 蔬菜、果树、茶叶、中药材生产过程中不得使用和限制使用的农药有哪些？

答：蔬菜、果树、茶叶、中药材生产过程中不得使用和限制使用的农药有 17 种。其中，甲拌磷、甲基异柳磷，内吸磷、克百威、涕灭威、灭线磷、硫环磷、氯唑磷禁止在蔬菜、果树、茶叶、中药材上使用；水胺硫磷禁止在柑橘树上使用；灭多威禁止在柑橘树、苹果树、茶树、十字花科蔬菜上使用；硫丹禁止在苹果树和茶树上使用；溴甲烷禁止在草莓和黄瓜上使用；氧乐果禁止在甘蓝和柑橘树上使用；三氯杀螨醇和氰戊菊酯禁止在茶树上使用；丁酰肼禁止在花生上使用；氟虫腈禁止在除卫生用、玉米等部分旱田种子包衣剂外的其他用途。

143. 农业部第 944 号公告对农药名称有什么规定？

答：为解决农药市场“一药多名”问题，规范农药名称登记核准，维护农药消费者权益，农业部第 944 号公告规定：① 自 2008 年 1 月 8 日起停止受理和审批农药商品名称，农药名称按照《农药标签和说明书管理办法》的规定执行；② 2008 年 1 月 8 日前批准使用商品名称的农药产品，或者已登记使用的农药名称与《农药管理条例实施办法》规定不一致的农药产品，相关企业应当携带农药登记证或农药临时登记证原件、原登记核准的农药标签和说明书原件、新设计的标签和说明书样张，到农业部农药检定所办理变更手续；③ 自

2008 年 7 月 1 日起，农药生产企业生产的农药产品一律不得使用商品名称。

144. 买到了假农药怎么办?

答：买到了假农药一般通过五种途径解决：一是与经销商协商；二是请求消费者协会调处；三是向农业、工商等有关行政部门申诉；四是根据与经销商达成的协议提请仲裁机构仲裁；五是向人民法院提起诉讼。

145. 为什么有些农药在水果上可以用，在蔬菜上却不能用?

答：大多数蔬菜的生长周期较短，施药后毒性成分不能得到有效降解；水果大多数生长周期较长，对农药的降解时间较长，且有一个不挂果的时期，因此对农药的选择范围要宽些。

146. 防治果树病虫害，以前只需 1 包杀虫剂就可有效杀虫，为何现在用 3～4 包相同的杀虫剂都没有当初的效果好?

答：长时间使用同一种药物，病虫会对药物产生一定的抗性，影响防治效果。

147. 规范的农资门店应具备什么基本条件?

答：一是具有合法营业执照；二是危险化学药品销售执

照；三是建立较完善的规章制度并上墙张挂；四是建立进销货台账；五是药品分类摆放，陈列整齐；六是工作人员须持有农业部门制发的上岗证等。

148. 选择农药需要注意些什么？

答：一是购买农药应到工商部门核准有经营农药权的商店里购买。在购买时，应查看农药包装上的标签是否完好，是否有“三证”（准产证号、登记证号和标准号）、有效成分、含量、生产日期、保质期等。不要购买无标签或标签不清楚、无“三证”、过期的农药。购买后，及时向

经销商索取销售凭证。二是根据以下标准鉴别农药产品：乳油应为均匀液体，无沉淀和悬浮物；悬浮剂应为流动的悬浮液，无块结；颗粒剂应粗细均匀，不应含有较多粉末；粉剂，可湿性粉应为疏松粉末，无团块。

149. 怎样正确购买肥料？

答：肥料是商品，所以按照标准化法的要求，每种产品都要有自己的产品执行标准,因此一要尽量购买大型企业的、市场占有率大的产品；二要认清外包装标识，认清氮（N）-磷（P2O5）-钾（K20）各养分含量；三要尽量不要购买按企业标准的生产的产品

150. 如何合理施肥？

答：合理施肥就是要求施肥能达到下列三方面的目的：

①施肥能使植物获得高产和优质；②以最少的投入获得最好的经济效益；③改善土壤条件为高产稳产创造良好的基础，即要用地与养地相结合。合理施肥的主要依据：首先，要考虑作物的营养特性。不同作物或作物在不同的生育时期对营养元素的种类、数量及其比例都有不同的要求；其次，施肥必须根据土壤性质来进行，其中，着重要考虑的是土壤中各养分的含量、保肥供肥能力和是否存在障碍因子等情况；再次，就是考虑气候与施肥的关系。气候影响施肥效果，施肥影响作物对气候条件的适应与利用；此外，施肥必须考虑与其他农业技术措施的配合。

151. 怎样正确购买农药?

答：购买农药时应先查看标签或者说明书。标签和说明书上应当注明农药名称、企业名称、产品批号和农药登记证号或者农药临时登记证号、农药生产许可或农药生产批准文件号、产品执行标准号以及农药的有效成分、含量、重量、毒性、用途、使用技术、使用方法、生产日期、有效期和注意事项等。国家对农药标签实行严格的审查制度，经国家审定后的标签内容，任何生产、经营者不得擅自修改。

152. 如何正确使用农药?

答：应注意几点：一要适期用药 。采取“二查二定”的原则，即对虫害，一般是查虫口密度，定防治对象田；查害虫发育进度，定防治适期。而对病害，通常是查发病率，定防治对象；查发病程度，定防治适期。二要方法得当。农药的剂型有多种，其使用方法也不尽相同。三要对象明确：用药时，防治对象要明确，要掌握病虫的生理机制和危害特点、农作物的品种及生育期，做到对症下药。四要交替用药：选用作用机制不同的农药交替使用，或者根据农药的理化性质合理地混配使用，不但能扩大防治范围、提高防治效果，还能延缓病虫抗药性的产生。五要细雾喷施：低容量喷雾、弥雾或静电喷雾，防滴漏，大大减少了浪费、提高了药效、安全性好。六要施药条件：施药条件主要是指温度、湿度、光照、风、土壤和植物等，要针对病虫发生发展的薄弱环节，制定适宜的防治措施，造成不利于病虫害的环境条件，达到控制其发生危害的目的。

153. 目前推广的生物农药有哪些？怎样购买？

答：生物农药指的是自然界存在的用于防治病、虫、草、鼠害的真菌、细菌、病毒和原生动物或被遗传的微生物制剂以及植物提取液。1970 年苏云金芽孢杆菌（Baciillus thuringiensis，简称 Bt）被用作生物农药，开始大规模生产。由于其对人畜无害、不伤害昆虫的天敌以及难以产生抗药性而备受人们青睐。我国现已登记注册的生物农药品种有 700 个左右，目前能大规模生产、应用广泛的生物农药品种主要有：苏云金芽孢杆菌制剂，是目前世界上用途最广、产量最大的微生物杀虫剂，已有 60 多个国家登记了 120 多个品种，广泛应用于农业、林业和贮藏害虫的防治。我国自 1965 年第 1 商品制剂“青虫菌”问世以后，其年产量长期稳定在 200～1000 吨。20 世纪 90 年代后得到迅猛发展，已有 20 多家企业登记了 30 多个产品，年产量达 33 万吨。井冈霉素，是防治水稻主要病害纹枯病的当家农药，自 20 世纪 70 年代问世以来，20 多年经久不衰。防治对象已从水稻扩大到了小麦、玉米等作物的纹枯病。阿维菌素，是一种超高效的杀虫生物农药，每亩用量 200～500 毫克。主要用于防治螨类、潜叶蛾、梨木虱、斑潜蝇、小菜蛾和菜青虫。赤霉素，是目前应用最广、最有效的微生物源生长激素，具有促进种子发芽、植物生长、提早开花结果的作用，对水稻、蔬菜、花生、蚕豆、葡萄、柑橘和棉花等有显著的增产作用。

购买生物农药须注意：一是选择正规农资部、商门店购买。二是购买时注意生产厂家、日期、地址、合格证号等内容是否齐备。

154. 禁止生产区如何划分和调整?

答：根据《中华人民共和国农产品质量安全法》和《四川省〈中华人民共和国农产品质量安全法〉实施办法》的相关规定，农产品禁止生产区域的划分，应当按照保障农产品质量安全的要求，根据农产品品种特性和生产区域大气、土壤、水体中有毒有害物质状况等因素确定。县级以上地方人民政府农业行政主管部门对认为不适宜特定农产品生产的地方，应当提出划定禁止生产区域的建议，经省农业行政主管部门组织专家论证后，报本级人民政府批准并公布。禁止生产区安全状况改善并符合相关标准的，县级以上地方人民政府农业行政主管部门应当及时提出调整建议。禁止生产区的调整，依照划分规定办理。本行政区域内农产品禁止生产区划定与调整结果应逐级上报农业部备案。

155. 禁止生产区是否需要设置标识?

答:《四川省〈中华人民共和国农产品质量安全法〉实施办法》规定:县级人民政府农业行政主管部门应当在禁止生产区设置标识,载明禁止生产区地点、四至范围、面积、禁止生产的农产品种类、主要污染物种类、批准单位、设立日期等内容。任何单位和个人不得擅自移动和损毁标识。禁止生产区调整的,应当变更标示牌内容或者撤除标示牌。

156. 禁止生产区可否生产、捕捞、采集禁止的食用农产品和建立农产品生产基地?

答:任何单位和个人均不得在禁止生产区生产、捕捞、采集禁止的食用农产品和建立农产品生产基地。

157. 如何加强农产品基地建设,改善农产品生产条件?

答:农产品基地建设应当有总体规划、确定的目标、配套措施和经费保证,以提高农产品市场竞争力为核心,以突出生产条件标准化建设为载体,以实现产品质量标准化为主线,通过政府投入,引导企业参与,整合物质、技术和管理资源,强化生产条件建设和改造,以点带面,由面连片,全面推行生产技术规程、经营管理的标准化,加快形成优势产业带,带动提升农产品质量和效益,增加农民收入,增强农业国际竞争能力。基地建设重点内容应放在生产条件和生产过程标准化方面。重点投资建设内容包括农田水利、标准农田、机械化作业机具配置、养殖场区建设、养殖设施设备工程和辅助配套工程。

158. 农产品基地应具备哪些基本条件?

答：一是生态环境优、专业化程度高、产业化经营基础好、社会化服务能力强、标准化生产基础实的优势区域，具有一定的生产规模；二是具有较好的农田水利等基础设施；三是具有良好的环境条件；四是农技推广服务体系健全，有较好的推广服务能力；五是生产、加工、销售的组织化程度较高；六是产品有品牌、有包装，有一定的市场占有率和较高的知名度；七是有健全的标准体系，产前、产中、产后全过程都有相应的标准和技术规程依托；八是检测体系健全，有一定的检验检测手段。

159. 化肥、农药、兽药、农用薄膜等农业投入品的不合理使用会不会对农产品产地造成污染?

答：盲目地过量使用化肥以及施用不合理，会带来化肥的养分污染问题。未被利用的养分通过径流、淋溶、反硝化、吸附和侵蚀等方式进入环境，污染水体、土壤和大气，引起水体富营养化，造成地下水硝酸盐污染等一系列的环境问题。农产品生产过程中过量和不合理使用农药，造成大量有毒有害物质残留于土壤、水体等，也造成严重的产地环境污染。非法使用违禁兽药，滥用抗菌药物和药物添加剂，不遵守休药期的规定等将导致兽药残留超标，不仅可以直接对人体产生急、慢性毒性作用，引起细菌耐药性增强，也可直接或间接污染环境；农膜质量较差以及残膜的环境管理薄弱是导致农田土壤残留农膜污染的主要原因，农膜残留量增加，水分渗透量就减少，土壤含水量下降，削弱了耕地的抗旱能力，甚至导致地下水难以下渗，引起土壤次生盐碱化等严重后果。另外,残留农膜会影响土壤物理性状，抑制作物生长发育，还影响农机具作业质量，堵塞沟渠，农膜塑料中的各种有毒有害添加剂，还具有显著的生物累积性。

160. 建立健全农业投入品安全使用制度，当前主要应做好哪些工作?

答：一是搞技术培训，使农民掌握并遵循安全生产技术规程，科学选用农作物和动物品种，合理施用农药、肥料、兽药、饲料和饲料添加剂，安全使用农产品播种、收获、捕捞、屠宰等农业活动器具，提倡科学交替、轮换使用农药和兽药；二是做好法律法规和国家禁止、限用和淘汰的农业投入品目录和范围的宣传工作，确保广大农产品生产企业、农民专业合作经济组织和农民知晓国家的相关法律法规及相关禁令；三是加强农产品质量安全标准制定、修订工作，按标准组织生产经营和实行规范化管理，从根本上杜绝无标生产、无标流通、无标监管的现象；四是加强科学研究，培育产量高、质量优、抗性强、效益高的农作物和动物新品种，加紧研发高效、低毒、低残留的农药、兽药，努力提高肥料、饲料和农业用水的利用率；五是加强对农业投入品安全使用的监管，依法查处使用国家明令淘汰的和禁用的农业投入品和其他禁用产品如“瘦肉精”的违法行为。

第四部分　农产品的包装与标识

161. 为什么要对农产品进行包装和标识？

答：为规范农产品生产经营行为，加强农产品包装和标识管理，建立健全农产品可追溯制度，保障农产品质量安全。

162.《农产品包装和标识管理办法》中规定哪些农产品必须包装？

答：（1）获得无公害农产品、绿色食品、有机农产品等认证的农产品必须包装，但鲜活畜、禽、水产品除外。（2）省级以上人民政府农业行政主管部门规定的其他需要包装销售的农产品。符合规定包装的农产品拆包后直接向消费者销售的，可以不再另行包装。

163. 农产品包装有什么要求？

答：《农产品包装与标识管理办法》规定农产品包装应当符合农产品储藏、运输、销售及保障安全的要求，便于拆卸和搬运。包装农产品的材料和使用的保鲜剂、防腐剂、添加剂等物质必须符合国家强制性技术规范要求。包装农产品应当防止机械损伤和二次污染。

164.《农产品包装和标识管理办法》对包装物上标注的内容和文字有哪些规定？

答：农产品生产企业、农民专业合作经济组织以及从事农产品收购的单位或者个人包装销售的农产品，应当在包装物上标注或者附加标识标明品名、产地、生产或者销售名称、生产日期。有分级标准或者使用添加剂的，还应当标明产品质量等级或者添加剂名称。销售获得无公害农产品、绿色食品、有机农产品等质量标志使用权的农产品，应当标注相应标志和发证机构。农产品标识所用文字应当使用规范的中文。标识标注的内容应当准确、清晰、显著。

165. 属于农业转基因的农产品必须标识吗？

答：《农产品质量安全法》规定，属于农业转基因的农产品应当按照农业转基因生物安全管理的有关规定进行标识。

166. 民自产自销的农产品是否需要包装和标识？

答：《农产品质量安全法》规定农产品生产企业、农民专业合作经济组织以及从事农产品收购的单位或者个人应当依法履行包装或者标识义务，对其他主体，国家只是鼓励其对上市销售的农产品实施包装和标识，对一家一户、农民自产自销的农产品，没有提出包装和标识要求。

167. 哪些部门对农产品包装和标识具有监督检查的职责?

答：县级以上人民政府农业行政主管部门依照《农产品质量安全法》对农产品包装和标识进行监督检查。

168. 哪些组织和个人要对农产品包装和标识负有法律责任?

答:《农产品包装与标识管理办法》规定农产品生产企业、农民专业合作经济组织以及从事农产品收购的单位或者个人，应当对其销售的农产品的包装质量和标识内容负责。

169. 哪些农产品包装属于不合格包装?

答：（1）使用的农产品包装材料不符合强制技术规范要求的:（2）农产品包装过程中使用的保鲜剂、防腐剂、添加剂等材料不符合强制技术要求的；（3）应当包装的农产品未经包装销售；（4）冒用无公害农产品、绿色食品等质量标志的；（5）农产品未按照规定标识的。

170. 哪些属于冒用农产品质量标志的行为?

答：（1）未经认定擅自在产品上使用质量安全标志；（2）擅自扩大、改变质量安全标志的使用范围；（3）质量安全认证到期或者被撤销后继续使用质量安全标志等。不符合无公害农产品、优质农产品质量安全标准要求，或未经认证的农产品不得擅自使用有关农产品质量安全标志。

171. 对冒用农产品质量标志的行为如何进行处罚?

答：县级以上农业行政主管部门在行政执法中，发现冒用农产品质量安全标志的违法行为，要求违法行为人立即停止违法行为，没收其冒用农产品质量安全标志所获得的非法收入，并处 2000 元以上 2 万元以下罚款。具体罚款数额由县级以上农业行政主管部门根据其违法行为的情节确定。

172. 对包装过程使用保鲜剂、防腐剂、添加剂等材料不符合国家有关强制性技术规范的如何处罚?

答：对农产品包装过程中使用的保鲜剂、防腐剂、添加剂等材料不符合国家有关强制性的技术规范的，责令停止销售，对被污染的农产品进行无害化处理，对不能进行无害化处理的予以监督销毁；没收违法所得，并处 2000 元以上 20 000 元以下罚款。

第五部分　监督管理

173. 农产品质量安全监管工作由哪个部门负责?

答:《农产品质量安全法》规定:县级以上人民政府农业行政主管部门负责农产品质量安全的监督管理工作;县级以上人民政府有关部门按照职责分工,负责农产品质量安全的有关工作。另外根据第十二届全国人民代表大会第一次会议批准的《国务院机构改革和职能转变方案》及《国务院办公厅关于印发国家食品药品监督管理总局主要职责内设机构和人员编制规定的通知》(国办发〔2013〕24 号)组建国家食品药品监督管理总局,主要负责对生产、流通、消费环节的食品安全和药品的安全性、有效性实施统一监督管理;农业部门主要负责食用农产品从种植养殖环节到进入批发、零售市场或生产加工企业前的质量安全监管工作。按照要求,各级食品安全监管工作将参照上述规定执行。

174. 农产品质量安全监管机构的职责有哪些?

答:根据《食品安全法》和《农产品质量安全法》,县级以上农产品质量安全监管机构的职责包括:

(1)设立农产品质量安全风险评估专家委员会(该职责由农业部承担,2007 年已设立),对可能影响农产品质量安全的潜在危害进行风险分析和评估;

（2）禁止生产区域的划分和调整；

（3）建设各类标准化示范区；

（4）制定保障农产品质量安全的生产技术要求和操作规程；

（5）农业投入品监督抽查和结果公布；

（6）农业投入品使用管理和引导；

（7）农产品包装和标识管理；

（8）农产品质量安全监测和对生产中、市场上销售农产品的监督抽查；

（9）质检机构资质认定和审核；

（10）快速监测方法的认定；

（11）对经检验不符合农产品质量安全标准的农产品采取查封和扣押的行政强制措施；

（12）对农产品质量安全事故进行处理；

（13）对监测机构违反法律规定、生产记录违法行为、保鲜剂等使用的违法行为、生产企业和农民专业合作经济组织销售的农产品不符合农产品质量安全标准行为给予处罚。

175. 农产品质量安全监督管理人员不依法履行监督职责，或者滥用权，将如何惩处？

答：负有食品安全监督管理职责的国家机关工作人员，滥用职权或者玩忽职守，导致发生重大食品安全事故或者造成其他严重后果，同时构成食品监管渎职罪和徇私舞弊不移交刑事案件罪、商检徇私舞弊罪、动植物检疫徇私舞弊罪、放纵制售伪劣商品犯罪行为罪等其他渎职犯罪的，依照处罚较重的规定定罪处罚。

负有食品安全监督管理职责的国家机关工作人员滥用职权或者玩忽职守，不构成食品监管渎职罪，但构成前款规定的其他渎职犯罪的，依照该其他犯罪定罪处罚。

负有食品安全监督管理职责的国家机关工作人员与他人共谋，利用其职务行为帮助他人实施危害食品安全犯罪行为，同时构成渎职犯罪和危害食品安全犯罪共犯的，依照处罚较重的规定定罪处罚。

176. 农产品质量安全检测机构应具备哪些基本条件和能力?

答：农业部制定了《农产品质量安全检测机构考核办法》，其中明确规定农产品质量安全检测机构应具备的基本条件和能力要求为：

（1）农产品质量安全检测机构应当依法设立，保证客观、公正和独立地从事检测活动，并承担相应的法律责任。

（2）应当具有与其从事的农产品质量安全检测活动相适应的管理和技术人员。

（3）从事农产品质量安全检测的技术人员应当具有相关专业中专以上学历，并经省级以上人民政府农业行政主管部门考核合格。

（4）技术人员应当不少于 5 人，其中中级职称以上人员比例不低于 40%。

（5）技术负责人和质量负责人应当具有中级以上技术职称，并从事农产品质量安全相关工作 5 年以上。

（6）应当具有与其从事的农产品质量安全检测活动相适应的检测仪器设备，仪器设备配备率达到 98%，在用仪器设备完好率达到100%。

（7）应当具有与检测活动相适应的固定工作场所，并具备保证检测数据准确的环境条件。

（8）从事相关田间试验和饲养实验动物试验检测的，还应当符合检疫、防疫和环保的要求。

（9）从事农业转基因生物及其产品检测的，还应当具备防范对人体、动植物和环境产生危害的条件。

（10）应当建立质量管理与质量保证体系。

（11）应当具有相对稳定的工作经费。

177. 农产品质量安全检测机构成立后，如何有效开展检测工作？

答：按照《农产品质量安全法》的规定，农产品质量安全检测机构除应具备相应的检测条件和能力外，还必须经省级以上人民政府农业行政主管部门或者授权的部门考核合格，同时，依法经计量认证合格后，方可依法开展授权范围内的农产品质量安全检测工作，即通过计量认证和审查认可后方可有效开展检测工作。

《四川省〈中华人民共和国农产品质量安全法〉实施办法》规定：出具有法律效力检测报告或者受委托承担政府监督检测任务的农产品质量安全检测机构，应当符合国家有关实验室资质认定、资质审查认可和技术人员管理的规定。

《农产品质量安全检测机构考核办法》（农业部令第7号）规定：农产品质量安全检测机构经考核和计量认证合格后，方可对外从事农产品、农业投入品和产地环境检测工作。

178. 如果农产品质量安全检测机构伪造检测结果或出具检测结果不实，应承担哪些法律责任?

答：农产品质量安全检测机构伪造检测结果的，责令改正，没收违法所得，并处 50 000 元以上 100 000 元以下罚款，对直接负责的主管人员和其他直接责任人员处 10 000 元以上 50 000 元以下罚款；情节严重的，撤销其检测资格；造成损害的，依法承担赔偿责任。出具检测结果不实，造成损害的，依法承担赔偿责任；造成重大损害的，并撤销其检测资格。

179. 如果农产品生产销售者对监督抽查检测结果有异议，可否申请复检?

答：可以。农产品生产者、销售者对监督抽查检测结果有异议的，可以自收到检测结果之日起五日内，向组织实施农产品质量安全监督抽查的农业行政主管部门或者其上级农业行政主管部门申请复检。如监督抽查检测采用国务院农业行政主管部门会同有关部门认定的快速检测方法，可以自收到检测结果起四小时内申请复检，复检不采用快速检测方法。

180. 产地监测与评价如何开展?

答：按照农业部《农产品产地安全管理办法》和《四川省〈中华人民共和国农产品质量安全法〉实施办法》规定，县级以上人民政府农业行政主管部门应当建立健全农产品产地安全监测管理制度，加强农产品产地安全调查、监测和评价工作，编制农产品产地安全状况及发展趋势年度报告，并报上级农业行政主管部门备案。在下列地区分别设置国家和省级监测点，监控农产品产地安全变化动态，指导农产品产地安全管理和保护工作：（1）工矿企业周边的农产品生产区；（2）污水灌溉区；（3）大中城市郊区农产品生产区；（4）重要农产品生产区；（5）其他需要监测的区域。市（州）、县（市、区）人民政府农业行政主管部门应当加强农产品产地安全日常监测。另外，县级以上人民政府农业行政主管部门还应加强农产品产地安全信息统计工作，健全农产品产地安全监测档案，准确记载产地安全变化状况，并长期保存。

181. 县级以上人民政府农业行政主管部门应开展哪些产地保护工作？

答：县级以上人民政府农业行政主管部门应当推广清洁生产技术和方法，发展生态农业；制定农产品产地污染防治与保护规划，并纳入本地农业和农村经济发展规划；采取生物、化学、工程等措施，对农产品禁止生产区和有毒有害物质不符合产地安全标准的其他农产品生产区域进行修复和治理；采取措施，加强产地污染修复和治理的科学研究、技术推广、宣传培训工作。

182. 农业建设项目的环境影响评价文件是否需要县级以上人民政府农业行政主管部门审核？

答：需要。农业建设项目的环境影响评价文件应当经县级以上人民政府农业行政主管部门依法审核后，报有关部门审批。

183. 违法违规向农产品产地排放或者倾倒超过国家规定标准的废水、废气、固体废物和有毒有害物质，要承担哪些法律责任?

答：违反法律、法规规定，向农产品产地排放或者倾倒废水、废气、固体废物或者其他有毒有害物质的，依照有关环境保护法律、法规的规定处罚；造成损害的，依法承担赔偿责任。

184. 农业投入品监督抽查工作由谁组织实施?

答：农业部和省级农业部门对危及农产品质量安全的农药、兽药、饲料和饲料添加剂、肥料等农业投入品进行监督抽查，可以组织市（州）、县级农业部门实施抽查工作。

185. 农业投入品监督抽查费用由谁承担?

答：农业投入品监督抽查费用由政府部门承担，不得向被抽检单位和被抽检人收取检测费。

186. 市（州）、县级农业部门能否公布农业投入品监督抽查结果?

答：市（州）、县级农业部门可以承担有关监督抽查任务，但是监督抽查结果只能由农业部或者省级农业部门公布，市（州）、县级农业部门不能公布监督抽查结果。

187. 农业投入品使用的管理、指导和制度建设工作由谁负责?

答:《农产品质量安全法》明确规定,农业投入品使用的管理、指导和制度建设工作是县级以上人民政府农业行政主管部门的责任和义务。

188. 违法使用农业投入品将如何处罚?

答:依照有关法律、行政法规的规定处罚。到目前为止,所涉及的相关法律、行政法规主要有:农业法、渔业法、畜牧发、农药管理条例、农业转基因生物安全管理条例、种子法、饲料和饲料添加剂管理条例、兽药管理条例等。

189. 农产品监督抽查工作由谁组织实施?

答:国家建立农产品质量安全监测制度。县级以上人民政府农业行政主管部门按照保障农产品质量安全的要求,制定并组织实施农产品质量安全监测计划,对生产中或者市场上销售的农产品进行监督抽查。

190. 农产品监督抽查费用由谁承担?

答:农产品监督抽查费用由政府部门承担,不得向被抽查单位和被抽查人收取检测费。

191. 农业行政主管部门可否自行公布农产品监督抽查结果?

答：不能。按照《食品安全法》规定，国家建立食品安全信息统一公布制度；国家食品安全总体情况、食品安全风险评估信息和食品安全风险警示信息、重大食品安全事故及其处理信息、其他重要的食品安全信息和国务院确定的需要统一公布的信息由国务院卫生行政部门统一公布；对食品安全风险评估信息和食品安全风险警示和重大食品安全事故及其处理信息，其影响限于特定区域的，也可以由有关省、自治区、直辖市人民政府卫生行政部门公布；县级以上农业行政、质量监督、工商行政管理、食品药品监督管理部门依据各自职责公布食品安全日常监督管理信息。

192. 拒绝接受监督抽查检测的，如何处罚?

答：按照《四川省〈中华人民共和国农产品质量安全法〉实施办法》规定，由县级以上地方人民政府农业行政主管部门责令改正，可处200元以上2000元以下罚款。

193. 销售《农产品质量安全法》等法律法规禁止销售的农产品，将如何处罚?

答：所销售农产品使用的保鲜剂、防腐剂、添加剂等材料不符合国家有关强制性的技术规范的，责令停止销售，对被污染的农产品进行无害化处理，对不能进行无害化处理的予以监督销毁；没收违法所得，并处2000元以上20 000元以下罚款。农产品生产企业、农民专业合作经济组织、农产品批发市场、农产品销售企业、农产品销售者销售的农产品不符合农产品质量安全标准的，责令停止销售，追回已经销售的农产品，对违法销售的农产品进行无害化处理或者予以监督销毁；没收违法所得，并处2000元以上20 000万元以下罚款。

194. 农产品批发市场、农贸市场、商场（超市）、专卖店、配送中心的开办者发现销售的农产品不符合农产品质量安全标准，隐瞒不报并继续允许销售的，如何处罚？

答：按照《四川省<中华人民共和国农产品质量安全法>实施办法》规定，由县级以上地方人民政府农业行政主管部门责令停止销售，并处5000元以上30 000元以下罚款。

195. 转移、损毁、隐匿行政机关已经依法查封、扣押的农产品、农业投入品的，如何处罚？

答：按照《四川省<中华人民共和国农产品质量安全法>实施办法》规定，由公安机关依照《中华人民共和国治安处罚法》处理；构成犯罪的，依法追究刑事责任。

196. 未建立农产品生产记录有何处罚规定？

答：《农产品质量安全法》第四十七条规定，农产品生产企业、农民专业合作经济组织未建立或者未按照规定保存农产品生产记录的，或者伪造农产品生产记录的，责令限期改正；逾期不改正的，可以处2000元以下罚款。

197. 农产品未按要求进行包装标识有何处罚?

答:《农产品质量安全法》第四十八条规定，销售的农产品未按照规定进行包装、标识的，责令限期改正；逾期不改正的，可以处 2000 元以下罚款。

198. 使用食品添加剂有哪些要求?

答:《农产品质量安全法》第二十九条规定，农产品在包装、保鲜、贮存、运输中所使用的保鲜剂、防腐剂、添加剂等材料，应当符合国家有关强制性的技术规范；第二十八条规定，农产品生产企业、农民专业合作经济组织以及从事农产品收购的单位或者个人销售的农产品，使用添加剂的，还应当按照规定标明添加剂的名称。

199. 违规使用食品添加剂有哪些处罚?

答:《农产品质量安全法》第四十九条规定，使用的保鲜剂、防腐剂、添加剂等材料不符合国家有关强制性的技术规范的，责令停止销售，对被污染的农产品进行无害化处理，对不能进行无害化处理的予以监督销毁；没收违法所得，并处 2000 元以上 20 000 元以下罚款。

200.《农产品质量安全法》对农产品批发市场有何要求? 违法规定如何处罚?

答:《农产品质量安全法》第三十七条第一款规定，农产品批发市场应当设立或者委托农产品质量安全检测机构，对进场销售的农产品质量安全状况进行抽查检测；发现不符合农产品质量安全标准的，应当要求销售者立即停止销售，并向农业行政主管部门报告。

农产品批发市场违反上述规定，按照《农产品质量安全法》第五十条、第五十二条规定，由县级以上人民政府农业行政主管部门责令改正，处 2000 元以上 20 000 元以下罚款。

201.《农产品质量安全法》对农产品销售企业有何要求？

答：《农产品质量安全法》第三十七条第二款规定，农产品销售企业对其销售的农产品，应当建立健全进货检查验收制度；经查验不符合农产品质量安全标准的，不得销售。

202. 什么是农产品质量安全规范化建设创建县？

答：为适应新时期人民群众对农产品质量安全的基本要求，按照《农产品质量安全法》和《国务院关于加强食品安全工作的决定》（国发[2012]20 号），四川省人民政府提出以保障农产品质量安全、维护公众健康为目标，以县级政府为创建主体，重点抓好蔬菜、水果、茶叶等主导产业标准化生产，努力创建“工作体系健全、监管责任到位、机制制度完善、监管措施有力”的县级农产品质量安全监管模式。经省人民政府考核合格的建设县（市、区），省人民政府认定为“四川省农产品质量安全监管规范化建设创建县”。

203. 四川省农产品质量安全监管规范化县建设目标是什么？

答：规范化县主要农产品质量安全抽检合格率达到 97%

以上；主要优势农产品标准化生产覆盖率 90%以上；无公害农产品、绿色食品、有机农产品、农产品地理标志产品（以下简称“三品一标”）生产面积占农产品生产总面积的 60%以上；无重大农产品质量安全事件发生。

204. 规范化县建设考核认定条件有哪些？

答：根据《四川省农产品质量安全监管规范化建设县考核认定办法》的规定，规范化建设县考核认定必须具备以下条件：

（1）县级政府农产品质量安全属地管理责任依法履行；（2）农产品质量安全工作体系健全；（3）科学制定规范化建设县创建方案；（4）规范化建设县创建评价指标考核评分达到 80 分以上（含 80 分）；（5）连续两年没有发生重大农产品质量安全事件；（6）创建工作管理文件和技术档案齐全并按要求编制。

205. 规范化县建设对乡镇农技服务站和村社有哪些具体要求？

答：规范化县建设要求赋予乡镇农技服务站农产品质量安全服务职能职责，加挂一块农产品质量安全服务站牌子、设置 1 个农产品质量安全生产工作岗位、配备 1 套农产品采样及快速检测设备，做好农业投入品使用指导、农产品日常监测、质量追溯、信息报告和宣传教育等工作。村社要求设立兼职协管员，做好日常巡查、宣传及信息传达工作。

第六部分　品牌农产品

（一）无公害农产品

206. 哪些单位和个人可以申请无公害农产品产地认定？

答：凡是具有一定组织能力和责任追溯能力，能承担法律责任的单位和个人。

207. 无公害农产品产地认定对环境有哪些要求？

答：无公害农产品产地应选择产地条件优越、远离污染源（有大量工业废气、废渣、污水排放及城镇垃圾堆存点），具有良好的排灌条件及清洁的灌溉水源，土壤环境条件适宜的种植业产品主产、高产并具有可持续生产能力的农业生产区域。产地的土壤、灌溉水和大气等环境较少受

到工业“三废”及城市污水、废弃物、垃圾、污泥及农药、化肥等污染威胁。这些产地一般是远离城市、河流上游、工业尚不发达和农业活动比较规范的地区。

208. 无公害农产品产地认定整体推进有什么好处？

答：一是有利于全面摸清县（市）域农业生态环境状况，

科学配置农业资源，合理布局，做大做强区域性优势主导产业，打造农产品整体品牌，促进农业结构战略性调整。通过对县域农业生态环境的“全面体检”和评估，对符合无公害农产品产地环境要求，并按无公害农产品生产技术规范组织生产的产地给予认定；对环境优良的区域实施保护，开发无公害农产品、绿色食品、有机食品；对污染较轻的产地，制定科学合理的整治措施，改良土壤，如种绿肥、种草等；对已经污染的产地调整结构，改种非食用农产品，如种花、种树等。二是有利于减少基层申报无公害农产品产地认定费用，提高申报产地认定的积极性。依据县（市）域内地形、地貌、水系及污染源分布情况，采用“区域采样、全面检测”，总体检测费用下降。同时，集中开展产地现场检查、采样、评审等工作，申报认定成本明显下降。三是有利于强化政府对农产品质量建设工作的组织领导，形成推动无公害农产品基地建设和认定的合力，解决一家一户和单个申报个体无法解决的大气、水等环境污染及农（兽）药等投入品市场秩序等难题。

209. 无公害农产品产地认定整体推进需提交哪些材料?

答：

（1）申请书。

（2）县（市、区）人民政府文件：

① 关于成立无公害产地认定整体推进领导小组的通知。主要内容：明确领导小组成员及管理职责；明确整体推进工作机构及职责。

② 无公害农产品产地环境保护措施。

③ 农业投入品管理措施。

（3）县级农业行政主管部门上报材料：

① 无公害农产品产地认定整体推进实施方案。包括：工作目标；产地规划及分布（附产品生产区域分布表及分布图）；保障措施。

② 无公害农产品基地投入品管理细则

③ 无公害农产品基地农田、耕作、保养田间管理细则措施

④ 无公害农产品生产技术规程

⑤ 无公害农产品技术服务体系管理的制度和具体落实措施

⑥ 无公害农产品产地管理人员及技术人员工作守则

⑦ 无公害农产品生产培训方案。包括培训时间、地点，培训人员，培训内容等方面。

⑧ 无公害农产品产地生产档案管理措施。提供生产过程记录档案样本；档案的组织管理形式；档案管理制度。

（4）其他附报材料。如已获证的产地证书。

210. 无公害农产品产地认定证书由哪个机构发放？

答：由省级农业行政主管部门颁发无公害农产品产地认定证书。

211. 无公害农产品产地认定由哪些部门来实施?

答：四川省农业厅负责全省种植业无公害农产品产地认定工作，对材料审查、现场检查、环境检验和环境现状评价符合要求的申请人，颁发《无公害农产品产地认定证书》，并将获得证书的产地名录报农业部农产品质量安全中心备案、编号。产地认证的日常工作由四川省农业厅农产品质量安全中心具体承担，各市（州）农业主管部门负责本地材料的审查，接受省级农业部门的委托具体承担现场检查，并完成现场检查报告的编写；县级农业行政主管部门负责申请材料的形式审查，参与现场检查工作。

212. 无公害农产品产地环境检测包括哪些项目?

答：无公害农产品产地环境检测包括空气质量、灌溉水质量和土壤环境质量三方面的内容。具体检测参数由产地认定机构依据无公害农产品行业标准并结合当地的环境污染因素确定。主要依据是无公害农产品质量安全认证产地环境检测管理办法。

213. 目前四川省承担无公害农产品产地环境委托检测的单位有哪些?

答：无公害农产品产地环境委托检测机构是由省级产地认定机构依据《无公害农产品认证产地环境检测管理办法》

进行委托通过国家计量认证、具有资质的检测机构，并报农业部质量安全中心进行备案登记。目前，四川省承担无公害农产品产地环境检测的机构有：乐山农产品（畜产品）质量检测中心、南充农产品质量监测检验中心、绵阳无公害农产品监测中心、四川省攀西无公害农产品监测中心、达州市农产品质量检测中心、内江市农产品（畜产品）质量检测中心、宜宾市农业质量综合检测中心、泸州农业质量检验中心、遂宁市农产品检验监测中心、广元市综合性农产品检验检测中心、德阳市农产品质量检测中心、凉山州农产品质量安全检测中心、自贡市农业质量标准监测检验中心、巴中市农产品质量安全检验检测中心。随着其他检测中心各项能力的不断提升，无公害农产品委托检测机构将不断增加。

214. 无公害农产品产地环境检测报告的有效期是多久?

答：二年。

215. 无公害农产品产地认定证书管理有什么规定?证书有效期多长?

答：无公害农产品产地认定证书的格式、内容、编号等由农业部、国家认证认可监督管理委员会统一规定。认证证书有效期为三年。期满需继续使用的，应当在有效期 90 天前，按照《无公害农产品产地认定程序》重新办理。省级农业行政主管部门或工作机构应当在颁发认定证书之日起30个工作日内办理换发。

216. 无公害农产品产地认定复查换证需要提交哪些材料?

答:

（1）无公害农产品产地复查换证申请书

（2）原产地证书复印件

217. 在哪种情况下，无公害农产品产地认定证书会被暂停或撤销?

答：根据《无公害农产品管理办法》的规定：

（1）严禁任何单位和个人伪造、冒用、转让、买卖无公害农产品产地认定证书。违反规定的，由县级以上农业行政主管部门责令其停止，并依据有关法律、法规进行处理。

（2）获得无公害农产品产地认定证书的单位或个人有下列情形之一的，由省级农业行政主管部门或工作机构予以警告，并责令限期改正；逾期未改正的，撤销其无公害农产品产地认定证书，并予以公告：①无公害农产品产地被污染或者产地环境达不到标准要求的；②无公害农产品产地农业投入品的使用不符合无公害农产品相关标准要求的；③擅自扩大无公害农产品产地范围的。

218. 无公害农产品标志的含义是什么？

答：无公害农产品标志图案由麦穗、对勾和无公害农产品字样组成。麦穗代表农产品，对勾表示合格，金色寓意成熟和丰收，绿色象征环保和安全。新版无公害农产品标识在标志图案下方增加了“农业部农产品质量安全中心”、“数码发短信至958878”以及“刮取数码查真伪”等字样。

219. 哪些单位和个人可以申请无公害农产品产品认证？

答：无生产能力的科研机构和农技推广等不能申报无公害农产品认证，其他具备质量追溯能力的单位和个人均能进行申请。

220. 无公害农产品申报目录及执行标准是?

茄果类蔬菜等 55 类无公害农产品检测目录

产品类别	适用产品	序号	检测项目	限量（mg/kg）	执行依据	检测方法
种植业						
一、茄果类蔬菜	番茄类（番茄、樱桃番茄、树茄等）和其他茄果类（茄子、辣椒、甜椒、黄秋葵、酸浆等）	1	甲拌磷（phorate）	0.01	GB 2763-2012	GB/T 19648 水果和蔬菜中 500 种农药及相关化学品残留量的测定，气相色谱-质谱法
		2	克百威（carbofuran）	0.02	GB 2763-2012	NY/T 761 蔬菜和水果中有机磷、有机氯、拟除虫菊酯和氨基甲酸酯类农药多残留的测定
		3	氧乐果（omethoate）	0.02	GB 2763-2012	
		4	毒死蜱（chlorpyrifos）	0.5（番茄类）	GB 2763-2012	

（续表）

一、茄果类蔬菜	番茄类（番茄、樱桃番茄、树茄等）和其他茄果类（茄子、辣椒、甜椒、黄秋葵、酸浆等）	5	氯氰菊酯（cypermethrin）	0.5	GB 2763-2012	
		6	氯氟氰菊酯（cyhalothrin）	0.2	GB 2763-2012	
		7	氰戊菊酯（fenvalerate）	0.2	GB 2763-2012	
		8	多菌灵（carbendazim）	3（番茄类）	GB 2763-2012	NY/T 1680 蔬菜水果中多菌灵等 4 种苯并咪唑类农药残留量的测定，高效液相色谱法
				2（其他茄果类）		
		9	吡虫啉（imidacloprid）	1（番茄类）	GB 2763-2012	NY/T 1275 蔬菜、水果中吡虫啉残留量的测定
		10	铅（以 Pb 计）	0.1	GB 2762-2012	GB 5009.12 食品安全国家标准 食品中铅的测定
		11	镉（以 Cd 计）	0.05	GB 2762-2012	GB/T 5009.15 食品中镉的测定

（续表）

注：1. *括号中为最低检出限。

2. 各检测项目除采用表中所列检测方法外，如有其他国家标准、行业标准以及部文公告的检测方法，且其最低检出限能满足限量值要求时，在无公害农产品认证检测中可以采用。

3. 表中所列限量值如与最新颁布的食品安全国家标准的限量值不一致时，按最新颁布的食品安全国家标准的限量值进行判定。

4. 各地可在此基础上根据当地农产品质量安全状况，增检相应的检测项目。

二、瓜类蔬菜	黄瓜、小型瓜类（西葫芦、节瓜、苦瓜、丝瓜、线瓜、瓠瓜等）和大型瓜类（冬瓜、南瓜、笋瓜等）	1	涕灭威（aldicarb）	0.03	GB 2763-2012	NY/T 761 蔬菜和水果中有机磷、有机氯、拟除虫菊酯和氨基甲酸酯类农药多残留的测定
		2	克百威（carbofuran）	0.02	GB 2763-2012	
		3	甲胺磷（methamidophos）	0.05	GB 2763-2012	
		4	氧乐果（omethoate）	0.02	GB 2763-2012	
		5	毒死蜱（chlorpyrifos）	0.1（黄瓜）	GB 2763-2012	

（续表）

二、瓜类蔬菜	黄瓜、小型瓜类（西葫芦、节瓜、苦瓜、丝瓜、线瓜、瓠瓜等）和大型瓜类（冬瓜、南瓜、笋瓜等）	6	氯氰菊酯（cypermethrin）	0.2（黄瓜）	GB 2763-2012	
		7	氰戊菊酯（fenvalerate）	0.2（黄瓜、小型瓜类）	GB 2763-2012	
		8	三唑磷（triazophos）	0.1（小型瓜类）	GB 2763-2012	
		9	多菌灵（carbendazim）	0.5（黄瓜）	GB 2763-2012	NY/T 1680 蔬菜水果中多菌灵等 4 种苯并咪唑类农药残留量的测定，高效液相色谱法
		10	吡虫啉（imidacloprid）	0.5（小型瓜类）	GB 2763-2012	NY/T 1275 蔬菜、水果中吡虫啉残留量的测定
		11	铅（以 Pb 计）	0.1	GB 2762-2012	GB 5009.12 食品安全国家标准，食品中铅的测定

（续表）

三、豆类蔬菜	荚可食类（豇豆、菜豆、食荚豌豆、四棱豆、扁豆、刀豆等）和荚不可食类（菜用大豆、蚕豆、豌豆、莱豆等）	1	克百威（carbofuran）	0.02	GB 2763-2012	NY/T 761 蔬菜和水果中有机磷、有机氯、拟除虫菊酯和氨基甲酸酯类农药多残留的测定
		2	甲胺磷（methamidophos）	0.05	GB 2763-2012	
		3	氧乐果（omethoate）	0.02	GB 2763-2012	
		4	乙酰甲胺磷（acephate）	1	GB 2763-2012	
		5	氯氰菊酯（cypermethrin）	0.5（荚可食类）	GB 2763-2012	
		6	三唑酮（triadimefon）	0.05（豌豆）	GB 2763-2012	
		7	铅（以 Pb 计）	0.2	GB 2762-2012	GB 5009.12 食品安全国家标准，食品中铅的测定
		8	镉（以 Cd 计）	0.1	GB 2762-2012	GB/T 5009.15 食品中镉的测定

（续表）

四、叶菜类蔬菜	绿叶类[菠菜、普通白菜（小白菜、小油菜、青菜）、苋菜、蕹菜、茼蒿、大叶茼蒿、莴苣、莴笋、苦苣、落葵、油麦菜、叶芥菜等]、叶柄类（芹菜、小茴香、球茎茴香等）和大白菜	1	甲拌磷（phorate）	0.01	GB 2763-2012	GB/T 19648 水果和蔬菜中 500 种农药及相关化学品残留量的测定气相色谱-质谱法
		2	克百威（carbofuran）	0.02	GB 2763-2012	NY/T 761 蔬菜和水果中有机磷、有机氯、拟除虫菊酯和氨基甲酸酯类农药多残留的测定
		3	甲胺磷（methamidophos）	0.05	GB 2763-2012	
		4	氧乐果（omethoate）	0.02	GB 2763-2012	
		5	毒死蜱（chlorpyrifos）	0.1（绿叶类、大白菜） 0.05（叶柄类）	GB 2763-2012	

（续表）

四、叶菜类蔬菜	绿叶类[菠菜、普通白菜（小白菜、小油菜、青菜）、苋菜、蕹菜、茼蒿、大叶茼蒿、莴苣、莴笋、苦苣、落葵、油麦菜、叶芥菜等]、叶柄类（芹菜、小茴香、球茎茴香等）和大白菜	6	氯氟氰菊酯（cyhalothrin）	0.5（叶柄类）	GB 2763-2012	
				1（大白菜）		
				2（绿叶类）		
		7	氯氰菊酯（cypermethrin）	2（绿叶类、大白菜）	GB 2763-2012	
				1（芹菜）		
		8	甲氰菊酯（fenpropathrin）	1（除莴苣）	GB 2763-2012	
				0.5（莴苣）		
		9	氰戊菊酯（fenvalerate）	1（绿叶类）	GB 2763-2012	
				3（大白菜）		
		10	氟虫腈（fipronil）	0.02	GB 2763-2012	SN/T 1982 进出口食品中氟虫腈残留量检测方法 气相色谱-质谱法

（续表）

四、叶菜类蔬菜	绿叶类[菠菜、普通白菜（小白菜、小油菜、青菜）、苋菜、蕹菜、茼蒿、大叶茼蒿、莴苣、莴笋、苦苣、落葵、油麦菜、叶芥菜等]、叶柄类（芹菜、小茴香、球茎茴香等）和大白菜	11	铅（以 Pb 计）	0.3	GB 2762-2012	GB 5009.12 食品安全国家标准 食品中铅的测定
		12	镉（以 Cd 计）	0.2	GB 2762-2012	GB/T 5009.15 食品中镉的测定
五、芸薹属类蔬菜	结球芸薹属（结球甘蓝、球茎甘蓝、抱子甘蓝、赤球甘蓝等）、头状花序芸薹属（花椰菜、青花菜等）和茎类芸薹属（芥蓝、菜薹、茎芥菜等）	1	甲拌磷（phorate）	0.01	GB 2763-2012	GB/T 19648 水果和蔬菜中 500 种农药及相关化学品残留量的测定气相色谱-质谱法
		2	克百威（carbofuran）	0.02	GB 2763-2012	NY/T 761 蔬菜和水果中有机磷、有机氯、拟除虫菊酯和氨基甲酸酯类农药多残留的测定
		3	甲胺磷（methamidophos）	0.05	GB 2763-2012	
		4	氧乐果（omethoate）	0.02	GB 2763-2012	

（续表）

五、芸薹属类蔬菜	结球芸薹属（结球甘蓝、球茎甘蓝、抱子甘蓝、赤球甘蓝等）、头状花序芸薹属（花椰菜、青花菜等）和茎类芸薹属（芥蓝、菜薹、茎芥菜等）	5	联苯菊酯（bifenthrin）	0.2（结球芸薹属）	GB 2763-2012	
		6	毒死蜱（chlorpyrifos）	1（结球芸薹属、头状花序芸薹属）	GB 2763-2012	NY/T 761 蔬菜和水果中有机磷、有机氯、拟除虫菊酯和氨基甲酸酯类农药多残留的测定
		7	氯氟氰菊酯（cyhalothrin）	1（结球芸薹属）	GB 2763-2012	
		8	氯氰菊酯（cypermethrin）	5（结球芸薹属）	GB 2763-2012	
		9	甲氰菊酯（fenpropathrin）	0.5（结球芸薹属）	GB 2763-2012	
		10	氰戊菊酯（fenvalerate）	0.5（结球芸薹属和头状花序芸薹属）	GB 2763-2012	
		11	氟虫腈（fipronil）	0.02（结球芸薹属）	GB 2763-2012	SN/T 1982 进出口食品中氟虫腈残留量检测方法，气相色谱-质谱法
		12	铅（以 Pb 计）	0.3	GB 2762-2012	GB 5009.12 食品安全国家标准 食品中铅的测定

（续表）

		13	镉（以 Cd 计）	0.05	GB 2762-2012	GB/T 5009.15 食品中镉的测定
六、根茎类和薯芋类蔬菜	根茎类（萝卜、胡萝卜、根甜菜、根芹菜、根芥菜、姜、辣根、芜菁、桔梗等）、马铃薯和其它薯芋类（山药、牛蒡、芋、葛、魔芋等）	1	甲拌磷（phorate）	0.01	GB 2763-2012	GB/T 19648 水果和蔬菜中 500 种农药及相关化学品残留量的测定，气相色谱-质谱法
		2	克百威（carbofuran）	0.1（马铃薯） 0.02（除马铃薯）	GB 2763-2012	NY/T 761 蔬菜和水果中有机磷、有机氯、拟除虫菊酯和氨基甲酸酯类农药多残留的测定
		3	甲胺磷（methamidophos）	0.05（除萝卜） 0.1（萝卜）	GB 2763-2012	
		4	氧乐果（omethoate）	0.02	GB 2763-2012	
		5	涕灭威（aldicarb）	0.03（除马铃薯、山药） 0.1（马铃薯、山药）	GB 2763-2012	

（续表）

六、根茎类和薯芋类蔬菜	根茎类（萝卜、胡萝卜、根甜菜、根芹菜、根芥菜、姜、辣根、芜菁、桔梗等）、马铃薯和其它薯芋类（山药、牛蒡、芋、葛、魔芋等）	6	毒死蜱（chlorpyrifos）	1（根茎类、芋）	GB 2763-2012	
		7	氰戊菊酯（fenvalerate）	0.05（根茎类、马铃薯）	GB 2763-2012	
		8	马拉硫磷（malathion）	0.5（根茎类、马铃薯）	GB 2763-2012	
				8（其他薯芋类）		
		10	铅（以 Pb 计）	0.2（马铃薯马铃薯和其它薯芋类）	GB 2762-2012	GB 5009.12 食品安全国家标准，食品中铅的测定
				0.1（薯类除外）		
		11	镉（以 Cd 计）	0.1	GB 2762-2012	GB/T 5009.15 食品中镉的测定
	甘薯、木薯	1	涕灭威（aldicarb）	0.1	GB 2763-2012	NY/T 761 蔬菜和水果中有机磷、有机氯、拟除虫菊酯和氨基甲酸酯类农药多残留的测定
		2	克百威（carbofuran）	0.02	GB 2763-2012	

（续表）

六、根茎类和薯芋类蔬菜	甘薯、木薯	3	溴氰菊酯（deltamethrin）	0.5	GB 2763-2012	
		4	灭线磷（ethoprophos）	0.02	GB 2763-2012	
		5	美曲膦酯（trichlorfon）	0.2	GB 2763-2012	
		6	甲基异柳磷（isofenphes-methyl）	0.05	GB 2763-2012	GB/T 5009.144 植物性食品中甲基异柳磷残留量的测定
		7	辛硫磷（phoxim）	0.05	GB 2763-2012	GB/T 5009.102 植物性食品中辛硫磷农药残留量的测定
		8	铅（以 Pb 计）	0.2	GB 2762-2012	GB 5009.12 食品安全国家标准，食品中铅的测定
		9	镉（以 Cd 计）	0.1	GB 2762-2012	GB/T 5009.15 食品中镉的测定

（续表）

七、鳞茎类蔬菜	鳞茎葱类（大蒜、洋葱、薤等）和绿叶葱类（韭菜、葱、青蒜、蒜薹等）和百合	1	甲拌磷（phorate）	0.01	GB 2763-2012	GB/T 19648 水果和蔬菜中 500 种农药及相关化学品残留量的测定，气相色谱-质谱法
		2	克百威（carbofuran）	0.02	GB 2763-2012	
		3	甲胺磷（methamidophos）	0.05	GB 2763-2012	
		4	氧乐果（omethoate）	0.02	GB 2763-2012	NY/T 761 蔬菜和水果中有机磷、有机氯、拟除虫菊酯和氨基甲酸酯类农药多残留的测定
		5	毒死蜱（chlorpyrifos）	0.1（绿叶葱类）	GB 2763-2012	
		6	氯氰菊酯（cypermethrin）	1（绿叶葱类）	GB 2763-2012	
		7	腐霉利（procymidone）	0.2（绿叶葱类）	GB 2763-2012	

（续表）

七、鳞茎类蔬菜	鳞茎葱类（大蒜、洋葱、薤等）和绿叶葱类（韭菜、葱、青蒜、蒜薹等）和百合	8	多菌灵（carbendazim）	2（绿叶葱类）	GB 2763-2012	NY/T 1680 蔬菜水果中多菌灵等 4 种苯并咪唑类农药残留量的测定，高效液相色谱法
		9	铅（以 Pb 计）	0.1	GB 2762-2012	GB 5009.12 食品安全国家标准，食品中铅的测定
		10	镉（以 Cd 计）	0.05	GB 2762-2012	GB/T 5009.15 食品中镉的测定
八、茎类蔬菜	芦笋、朝鲜蓟、大黄等	1	甲拌磷（phorate）	0.01	GB 2763-2012	GB/T 19648 水果和蔬菜中 500 种农药及相关化学品残留量的测定，气相色谱-质谱法
		2	克百威（carbofuran）	0.02	GB 2763-2012	NY/T 761 蔬菜和水果中有机磷、有机氯、拟除虫菊酯和氨基甲酸酯类农药多残留的测定
		3	甲胺磷（methamidophos）	0.05	GB 2763-2012	

（续表）

八、茎类蔬菜	芦笋、朝鲜蓟、大黄等	4	氧乐果（omethoate）	0.02	GB 2763-2012	
		6	多菌灵（carbendazim）	0.1	GB 2763-2012	NY/T 1680 蔬菜水果中多菌灵等 4 种苯并咪唑类农药残留量的测定，高效液相色谱法
		7	铅（以 Pb 计）	0.1	GB 2762-2012	GB 5009.12 食品安全国家标准，食品中铅的测定
		8	镉（以 Cd 计）	0.1（除芹菜）	GB 2762-2012	GB/T 5009.15 食品中镉的测定
				0.2（芹菜）		
九、其他多年生蔬菜	黄花菜、竹笋、仙人掌等	1	甲拌磷（phorate）	0.01	GB 2763-2012	GB/T 19648 水果和蔬菜中 500 种农药及相关化学品残留量的测定 气相色谱-质谱法

（续表）

九、其他多年生蔬菜	黄花菜、竹笋、仙人掌等	2	克百威（carbofuran）	0.02	GB 2763-2012	NY/T 761 蔬菜和水果中有机磷、有机氯、拟除虫菊酯和氨基甲酸酯类农药多残留的测定
		3	甲胺磷（methamidophos）	0.05	GB 2763-2012	
		4	氧乐果（omethoate）	0.02	GB 2763-2012	
		5	铅（以 Pb 计）	0.1	GB 2762-2012	GB 5009.12 食品安全国家标准，食品中铅的测定
		6	镉（以 Cd 计）	0.05	GB 2762-2012	GB/T 5009.15 食品中镉的测定
十、水生类蔬菜	茎叶类（水芹、豆瓣菜、茭白、蒲菜等）、果实类（菱角、芡等）和根类（莲藕、荸荠、慈姑等）	1	克百威（carbofuran）	0.02	GB 2763-2012	NY/T 761 蔬菜和水果中有机磷、有机氯、拟除虫菊酯和氨基甲酸酯类农药多残留的测定
		2	甲胺磷（methamidophos）	0.05	GB 2763-2012	
		3	氧乐果（omethoate）	0.02	GB 2763-2012	

（续表）

十、水生类蔬菜	茎叶类（水芹、豆瓣菜、茭白、蒲菜等）、果实类（菱角、芡等）和根类（莲藕、荸荠、慈姑等）	4	铅（以 Pb 计）	0.1	GB 2762-2012	GB 5009.12 食品安全国家标准，食品中铅的测定
		5	镉（以 Cd 计）	0.05	GB 2762-2012	GB/T 5009.15 食品中镉的测定
十一、食用菌	蘑菇类（香菇、金针菇、平菇、茶树菇、竹荪、草菇、羊肚菌、牛肝菌、口蘑、松茸、双孢蘑菇、猴头、白灵菇、杏鲍菇等）和木耳类（木耳、银耳、金耳、毛木耳、石耳等）	1	百菌清（chlorothalonil）	5（蘑菇类（鲜））	GB 2763-2012	NY/T 761 蔬菜和水果中有机磷、有机氯、拟除虫菊酯和氨基甲酸酯类农药多残留的测定
		2	氯氟氰菊酯（cyhalothrin）	0.5（蘑菇类（鲜））	GB 2763-2012	
		3	氯氰菊酯（cypermethrin）	0.5（蘑菇类（鲜））	GB 2763-2012	
		4	乐果（dimethoate）	0.5（蘑菇类（鲜））	GB 2763-2012	
		5	咪鲜胺（prochloraz）	2（蘑菇类（鲜））	GB 2763-2012	NY/T 1456 水果中咪鲜胺残留量的测定，气相色谱法
		6	铅（以 Pb 计）	1.0	GB 2762-2012	GB 5009.12 食品安全国家标准，食品中铅的测定

（续表）

十一、食用菌	蘑菇类（香菇、金针菇、平菇、茶树菇、竹荪、草菇、羊肚菌、牛肝菌、口蘑、松茸、双孢蘑菇、猴头、白灵菇、杏鲍菇等）和木耳类（木耳、银耳、金耳、毛木耳、石耳等）	7	镉（以 Cd 计）	0.2（新鲜食用菌（香菇和姬松茸除外））	GB 2762-2012	GB/T 5009.15 食品中镉的测定
				0.5（香菇）		
				0.5（食用菌制品（姬松茸制品除外））		
		8	二氧化硫（以 SO_2 计）	50（干制）	GB 2760-2011	GB/T 5009.34 食品中亚硫酸盐的测定
十二、茶叶	各类茶	1	滴滴涕（DDT）	0.2	GB 2763-2012	GB/T 5009.19 食品中有机氯农药多组分残留量的测定
		2	氯氟氰菊酯（cyhalothrin）	15	GB 2763-2012	NY/T 761 蔬菜和水果中有机磷、有机氯、拟除虫菊酯和氨基甲酸酯类农药多残留的测定
		3	三氯杀螨醇（dicofol）	0.0008	农业部第 199 号公告	

（续表）

十二、茶叶	各类茶	5	乙酰甲胺磷（acephate）	0.1	GB 2763-2012	GB/T 5009.103 植物性食品中甲胺磷和乙酰甲胺磷农药残留量的测定
		6	联苯菊酯（bifenthrin）	5	GB 2763-2012	SN/T 1969 进出口食品中联苯菊酯残留量的检测方法，气相色谱-质谱法
		7	氯氰菊酯（cypermethrin）	20	GB 2763-2012	GB/T 23204 茶叶中 519 种农药及相关化学品残留量的测定，气相色谱-质谱法
		8	溴氰菊酯（deltamethrin）	10	GB 2763-2012	GB/T 5009.110 植物性食品中氯氰菊酯、氰戊菊酯和溴氰菊酯残留量的测定
		9	杀螟硫磷（fenitrothion）	0.5	GB 2763-2012	GB/T 14553 粮食、水果和蔬菜中有机磷农药测定的气相色谱法

（续表）

十二、茶叶	各类茶	10	甲氰菊酯（fenpropathrin）	5	GB 2763-2012	GB/T 23376 茶叶中农药多残留测定，气相色谱/质谱法
		11	吡虫啉（imidacloprid）	0.5	GB 2763-2012	GB/T 23379 水果、蔬菜及茶叶中吡虫啉残留的测定，高效液相色谱法
		12	铅（以 Pb 计）	5	GB 2762-2012	GB 5009.12 食品安全国家标准，食品中铅的测定
十三、稻类	稻谷、糙米、大米等	1	乙酰甲胺磷（acephate）	1（糙米）	GB 2763-2012	GB/T 5009.103 植物性食品中甲胺磷和乙酰甲胺磷农药残留量的测定
		2	丁草胺（butachlor）	0.5（大米）	GB 2763-2012	GB/T 5009.164 大米中丁草胺残留量的测定
		3	毒死蜱（chlorpyrifos）	0.5（稻谷）	GB 2763-2012	GB/T 5009.145 植物性食品中有机磷和氨基甲酸酯类农药多种残留的测定

（续表）

十三、稻类	稻谷、糙米、大米等	4	敌敌畏（dichlorvos）	0.1（稻谷） 0.2（糙米）	GB 2763-2012	SN/T 2324 进出口食品中抑草磷、毒死蜱、甲基毒死蜱等 33 种有机磷农药残留量的检测方法
		5	氟虫腈（fipronil）	0.02（糙米）	GB 2763-2012	SN/T 1982 进出口食品中氟虫腈残留量检测方法，气相色谱-质谱法
		6	稻瘟灵（isoprothiolane）	1（大米）	GB 2763-2012	GB/T 5009.155 大米中稻瘟灵残留量的测定
		7	甲胺磷（methamidophos）	0.5（糙米）	GB 2763-2012	GB/T 5009.103 植物性食品中甲胺磷和乙酰甲胺磷农药残留量的测定
		8	三唑磷（triazophos）	0.05（稻谷）	GB 2763-2012	GB/T 19649 粮谷中 475 种农药及相关化学品残留量的测定，气相色谱-质谱法

（续表）

十三、稻类	稻谷、糙米、大米等	9	无机砷（以 As 计）	0.15	GB 2762-2012	GB/T 5009.11 食品中总砷及无机砷的测定
		10	铅（以 Pb 计）	0.2（糙米）	GB 2762-2012	GB 5009.12 食品安全国家标准，食品中铅的测定
		11	镉（以 Cd 计）	0.2	GB 2762-2012	GB/T 5009.15 食品中镉的测定
十四、芝麻	芝麻	1	多菌灵（carbendazim）	0.1	GB 2763-2012	NY/T 1680 蔬菜水果中多菌灵等 4 种苯并咪唑类农药残留量的测定 高效液相色谱法
		2	溴氰菊酯（deltamethrin）	0.1	GB 2763-2012	GB/T 5009.110 植物性食品中氯氰菊酯、氰戊菊酯和溴氰菊酯残留量的测定
		3	异丙甲草胺（metolachlor）	0.1	GB 2763-2012	GB/T 5009.174 花生、大豆中异丙甲草胺残留量的测定

（续表）

十五、瓜果类水果	西瓜和甜瓜类（薄皮甜瓜、网纹甜瓜、哈密瓜、白兰瓜、香瓜等）	1	乙酰甲胺磷（acephate）	0.5	GB 2763-2012	
		2	涕灭威（aldicarb）	0.02	GB 2763-2012	NY/T 761 蔬菜和水果中有机磷、有机氯、拟除虫菊酯和氨基甲酸酯类农药多残留的测定
		3	克百威（carbofuran）	0.02	GB 2763-2012	
		4	氧乐果（omethoate）	0.02	GB 2763-2012	
		5	多菌灵（carbendazim）	0.5（西瓜）	GB 2763-2012	NY/T 1680 蔬菜水果中多菌灵等 4 种苯并咪唑类农药残留量的测定，高效液相色谱法
		6	苯醚甲环唑（difenoconazole）	0.1（西瓜）	GB 2763-2012	SN/T 1975 进出口食品中苯醚甲环唑残留量的检测方法 气相色谱-质谱法

（续表）

十六、浆果和其他小型水果	藤蔓和灌木类（黑莓、蓝莓、覆盆子、醋栗、欧洲越橘、桑葚、唐棣等）、小型攀缘类（葡萄、五味子、猕猴桃、西番莲等）和草莓	1	克百威（carbofuran）	0.02	GB 2763-2012	NY/T 761 蔬菜和水果中有机磷、有机氯、拟除虫菊酯和氨基甲酸酯类农药多残留的测定
		2	甲胺磷（methamidophos）	0.05	GB 2763-2012	
		3	氧乐果（omethoate）	0.02	GB 2763-2012	
		4	溴氰菊酯（deltamethrin）	0.05（小型攀缘类皮不可食）	GB 2763-2012	
		5	铅（以 Pb 计）	0.2	GB 2762-2012	GB 5009.12 食品安全国家标准，食品中铅的测定
十七、枸杞	枸杞	1	啶虫脒（acetamiprid）	2	GB 2763-2012	GB/T20769 水果和蔬菜中 450 种农药及相关化学品残留量的测定，液相色谱-串联质谱法
		2	氰戊菊酯（fenvalerate）	0.2	GB 2763-2012	NY/T 761 蔬菜和水果中有机磷、有机氯、拟除虫菊酯和氨基甲酸酯类农药多残留的测定

（续表）

十七、枸杞	枸杞	3	铅（以 Pb 计）	0.2	GB 2762-2012	GB 5009.12 食品安全国家标准，食品中铅的测定
十八、柑橘类水果	橙、橘、柠檬、柚、柑、佛手柑、金橘等	1	克百威（carbofuran）	0.02	GB 2763-2012	NY/T 761 蔬菜和水果中有机磷、有机氯、拟除虫菊酯和氨基甲酸酯类农药多残留的测定
		2	氧乐果（omethoate）	0.02	GB 2763-2012	
		3	联苯菊酯（bifenthrin）	0.05	GB 2763-2012	
		4	毒死蜱（chlorpyrifos）	2（除柑、橘） 1（柑、橘）	GB 2763-2012	
		5	氯氰菊酯（cypermethrin）	2（除柑、橘） 1（柑、橘）	GB 2763-2012	
		6	三氯杀螨醇（dicofol）	1	GB 2763-2012	

（续表）

十八、柑橘类水果	橙、橘、柠檬、柚、柑、佛手柑、金橘等	7	杀扑磷（methidathion）	2	GB 2763-2012	
		8	阿维菌素（abamectin）	0.02	GB 2763-2012	SN/T 1973 进出口食品中阿维菌素残留量的检测方法 高效液相色谱-质谱/质谱法
		9	多菌灵（carbendazim）	0.5（除柑、橘）	GB 2763-2012	NY/T 1680 蔬菜水果中多菌灵等 4 种苯并咪唑类农药残留量的测定 高效液相色谱法
				5（柑、橘）		
		10	吡虫啉（imidacloprid）	1	GB 2763-2012	NY/T 1275 蔬菜、水果中吡虫啉残留量的测定
		11	水胺硫磷（isocarbophos）	0.02	GB 2763-2012	GB/T 5009.20 食品中有机磷农药残留量的测定
		12	哒螨灵（pyridaben）	2	GB 2763-2012	GB/T 20769 水果和蔬菜中 450 种农药及相关化学品残留量的测定 液相色谱-串联质谱法

（续表）

十九、坚果类水果	小粒坚果（杏仁、榛子、腰果、松仁、开心果等）和大粒坚果（核桃、板栗、山核桃、澳洲坚果等）	1	铅（以 Pb 计）	0.2	GB 2762-2012	GB 5009.12 食品安全国家标准 食品中铅的测定
		2	镉（以 Cd 计）	0.5	GB 2762-2012	GB/T 5009.15 食品中镉的测定
		3	黄曲霉毒素 B_1（aflatoxin B_1）	0.005	GB 2761-2011	GB/T 5009.22 食品中黄曲霉毒素 B1 的测定
		4	二氧化硫（以 SO_2 计）	100（水果干类）	GB 2760-2011	GB/T 5009.34 食品中亚硫酸盐的测定
二十、核果类水果	桃、油桃、杏、枣、李子、樱桃等	1	克百威（carbofuran）	0.02	GB 2763-2012	NY/T 761 蔬菜和水果中有机磷、有机氯、拟除虫菊酯和氨基甲酸酯类农药多残留的测定
		2	氧乐果（omethoate）	0.02	GB 2763-2012	
		3	氯氰菊酯（cypermethrin）	1	GB 2763-2012	
		4	乐果（dimethoate）	2	GB 2763-2012	

（续表）

二十、核果类水果	桃、油桃、杏、枣、李子、樱桃等	5	氰戊菊酯（fenvalerate）	0.2	GB 2763-2012	
		6	多菌灵（carbendazim）	0.5（李子、枣、樱桃）	GB 2763-2012	NY/T 1680 蔬菜水果中多菌灵等 4 种苯并咪唑类农药残留量的测定 高效液相色谱法
				2（桃、油桃、杏）		
二十一、麦类作物	小麦、大麦、黑麦等	1	克百威（carbofuran）	0.1	GB 2763-2012	GB/T 5009.104 植物性食品中氨基甲酸酯类农药残留量的测定
		2	吡虫啉（imidacloprid）	0.05	GB 2763-2012	SN/T 1017.8 进出口粮谷中吡虫啉残留量 检验方法 液相色谱法
		3	氧乐果（omethoate）	0.02	GB 2763-2012	GB/T 20770 粮谷中 486 种农药及相关化学品残留量的测定 液相色谱-串联质谱法

（续表）

二十一、麦类作物	小麦、大麦、黑麦等	4	三唑酮（triadimefon）	0.2	GB 2763-2012	GB/T 5009.126 植物性食品中三唑酮残留量的测定
		5	铅（以 Pb 计）	0.2	GB 2762-2012	GB 5009.12 食品安全国家标准 食品中铅的测定
		6	镉（以 Cd 计）	0.1	GB 2762-2012	GB/T 5009.15 食品中镉的测定
		7	玉米赤霉烯酮（zearalenone）	0.06	GB 2761-2011	GB/T 5009.209 谷物中玉米赤霉烯酮的测定
		8	脱氧雪腐镰刀菌烯醇（deoxynivalenol）	1	GB 2761-2011	GB/T 23503 食品中脱氧雪腐镰刀菌烯醇的测定 免疫亲和层析净化 高效液相色谱法
	燕麦	1	克百威（carbofuran）	0.1	GB 2763-2012	GB/T 5009.104 植物性食品中氨基甲酸酯类农药残留量的测定

（续表）

二十一、麦类作物	燕麦	2	甲拌磷（phorate ）	0.02	GB 2763-2012	GB/T 5009.20 食品中有机磷农药残留量的测定
		3	氧乐果（omethoate）	0.02	GB 2763-2012	GB/T 20770 粮谷中 486 种农药及相关化学品残留量的测定 液相色谱-串联质谱法
		4	铅（以 Pb 计）	0.2	GB 2762-2012	GB 5009.12 食品安全国家标准 食品中铅的测定
		5	镉（以 Cd 计）	0.1	GB 2762-2012	GB/T 5009.15 食品中镉的测定
		6	玉米赤霉烯酮（zearalenone）	0.06	GB 2761-2011	GB/T 5009.209 谷物中玉米赤霉烯酮的测定
二十二、玉米	玉米类作物（玉米、鲜食玉米、甜玉米、玉米面、玉米糁等）	1	克百威（carbofuran）	0.1	GB 2763-2012	GB/T 5009.104 植物性食品中氨基甲酸酯类农药残留量的测定
		2	毒死蜱（chlorpyrifos）	0.05	GB 2763-2012	GB/T 5009.145 植物性食品中有机磷和氨基甲酸酯类农药多种残留的测定

（续表）

二十二、玉米	玉米类作物（玉米、鲜食玉米、甜玉米、玉米面、玉米糁等）	3	氯氰菊酯（cypermethrin）	0.05 0.5（鲜食玉米）	GB 2763-2012	GB/T 5009.110 植物性食品中氯氰菊酯、氰戊菊酯和溴氰菊酯残留量的测定
		4	吡虫啉（imidacloprid）	0.05	GB 2763-2012	SN/T 1017.8 进出口粮谷中吡虫啉残留量检验方法 液相色谱法
		5	辛硫磷（phoxime）	0.05	GB 2763-2012	GB/T 5009.102 植物性食品中辛硫磷农药残留量的测定
		6	铅（以 Pb 计）	0.2	GB 2762-2012	GB 5009.12 食品安全国家标准 食品中铅的测定
		7	镉（以 Cd 计）	0.1	GB 2762-2012	GB/T 5009.15 食品中镉的测定
		8	黄曲霉毒素 B_1（aflatoxin B_1）	0.02	GB 2761-2011	GB/T 18979 食品中黄曲霉毒素的测定 免疫亲和层析净化高效液相色谱法和荧光光度法

（续表）

二十二、玉米	玉米类作物（玉米、鲜食玉米、甜玉米、玉米面、玉米糁等	9	脱氧雪腐镰刀菌烯醇（deoxynivalenol）	1	GB 2761-2011	GB/T 23503 食品中脱氧雪腐镰刀菌烯醇的测定 免疫亲和层析净化高效液相色谱法
		10	玉米赤霉烯酮（zearalenone）	0.06	GB 2761-2011	GB/T 5009.209 谷物中玉米赤霉烯酮的测定
二十三、小杂粮	高粱、粟、稷、薏仁、荞麦等	1	克百威（carbofuran）	0.1	GB 2763-2012	GB/T 5009.104 植物性食品中氨基甲酸酯类农药残留量的测定
		2	甲拌磷（phorate ）	0.02（高粱） 0.05（其他小杂粮）	GB 2763-2012	GB/T 5009.20 食品中有机磷农药残留量的测定
		3	铅（以 Pb 计）	0.2	GB 2762-2012	GB 5009.12 食品安全国家标准 食品中铅的测定
		4	镉（以 Cd 计）	0.1	GB 2762-2012	GB/T 5009.15 食品中镉的测定
		5	玉米赤霉烯酮（zearalenone）	0.06	GB 2761-2011	GB/T 5009.209 谷物中玉米赤霉烯酮的测定

（续表）

二十四、大豆	大豆	1	克百威（carbofuran）	0.2	GB 2763-2012	GB/T 5009.104 植物性食品中氨基甲酸酯类农药残留量的测定
		2	毒死蜱（chlorpyrifos）	0.1	GB 2763-2012	GB/T 5009.145 植物性食品中有机磷和氨基甲酸酯类农药多种残留的测定
		3	氯氰菊酯（cypermethrin）	0.05	GB 2763-2012	GB/T 5009.110 植物性食品中氯氰菊酯、氰戊菊酯和溴氰菊酯残留量的测定
		4	溴氰菊酯（deltamethrin）	0.05	GB 2763-2012	
		5	敌敌畏（dichlorvos）	0.1	GB 2763-2012	SN/T 2324 进出口食品中抑草磷、毒死蜱、甲基毒死蜱等 33 种有机磷农药残留量的检测方法
		6	氰戊菊酯（fenvalerate）	0.1	GB 2763-2012	GB/T 5009.110 植物性食品中氯氰菊酯、氰戊菊酯和溴氰菊酯残留量的测定

（续表）

二十四、大豆	大豆	7	抗蚜威（pirimicarb）	0.05	GB 2763-2012	SN/T 1017.7 出口粮谷中涕灭威、西维因、杀线威、恶虫威、抗蚜威残留量检验方法
		8	铅（以 Pb 计）	0.2	GB 2762-2012	GB 5009.12 食品安全国家标准 食品中铅的测定
		9	镉（以 Cd 计）	0.2	GB 2762-2012	GB/T 5009.15 食品中镉的测定
二十五、花生	花生	1	涕灭威（aldicarb）	0.02（花生仁）	GB 2763-2012	GB/T 14929.2 花生仁、棉籽油、花生油中涕灭威残留量测定方法
		2	克百威（carbofuran）	0.2（花生仁）	GB 2763-2012	GB/T 5009.104 植物性食品中氨基甲酸酯类农药残留量的测定
		3	甲拌磷（phorate）	0.1（花生仁）	GB 2763-2012	GB/T 5009.20 食品中有机磷农药残留量的测定
		4	辛硫磷（phoxim）	0.05（花生仁）	GB 2763-2012	GB/T 5009.102 植物性食品中辛硫磷农药残留量的测定

（续表）

二十五、花生	花生	5	镉（以 Cd 计）	0.5	GB 2762-2012	GB/T 5009.15 食品中镉的测定
		6	黄曲霉毒素 B_1（aflatoxin B_1）	0.02	GB 2761-2011	GB/T 18979 食品中黄曲霉毒素的测定 免疫亲和层析净化 高效液相色谱法和荧光光度法
二十六、仁果类水果	苹果、梨、山楂、枇杷、榅桲等	1	水胺硫磷（isocarbophos）	0.01	GB 2763-2012	GB/T 5009.20 食品中有机磷农药残留量的测定
		2	氧乐果（omethoate）	0.02	GB 2763-2012	NY/T 761 蔬菜和水果中有机磷、有机氯、拟除虫菊酯和氨基甲酸酯类农药多残留的测定
		3	克百威（carbofuran）	0.02	GB 2762-2012	
		4	毒死蜱（chlorpyrifos）	1	GB 2763-2012	
		5	铅（以 Pb 计）	0.1	GB 2762-2012	GB 5009.12 食品安全国家标准 食品中铅的测定

（续表）

二十七、荔枝、龙眼、红毛丹	荔枝、龙眼、红毛丹	1	氧乐果（omethoate）	0.02	GB 2763-2012	NY/T 761 蔬菜和水果中有机磷、有机氯、拟除虫菊酯和氨基甲酸酯类农药多残留的测定
		2	乙酰甲胺磷（acephate）	0.5	GB 2763-2012	
		3	氯氟氰菊酯（cyhalothrin）	0.1	GB 2763-2012	
		4	溴氰菊酯（deltamethrin）	0.05	GB 2763-2012	
		5	甲胺磷（methamidophos）	0.05	GB 2763-2012	
		6	三唑磷（triazophos）	0.2	GB 2763-2012	
		7	多菌灵（carbendazim）	0.5	GB 2763-2012	NY/T 1680 蔬菜水果中多菌灵等 4 种苯并咪唑类农药残留量的测定 高效液相色谱法

（续表）

二十七、荔枝、龙眼、红毛丹	荔枝、龙眼、红毛丹	8	甲霜灵（metalaxyl）	0.5	GB 2763-2012	GB/T 20769 水果和蔬菜中 450 种农药及相关化学品残留量的测定 液相色谱-串联质谱法
		9	铅（以 Pb 计）	0.1	GB 2762-2012	GB 5009.12 食品安全国家标准 食品中铅的测定
		10	二氧化硫（以 SO_2 计）	50	GB 2760-2011	GB/T 5009.34 食品中亚硫酸盐的测定
二十八、其他热带及亚热带水果	聚复果类果品（木菠萝、番荔枝、刺番荔枝、山竹、榴莲、面包果等）	1	氧乐果（omethoate）	0.02	GB 2762-2012	NY/T 761 蔬菜和水果中有机磷、有机氯、拟除虫菊酯和氨基甲酸酯类农药多残留的测定
		2	溴氰菊酯（deltamethrin）	0.05（菠萝、榴莲）	GB 2763-2012	
		3	氰戊菊酯（fenvalerate）	0.2	GB 2763-2012	
		4	铅（以 Pb 计）	0.1	GB 2762-2012	GB 5009.12 食品安全国家标准 食品中铅的测定

（续表）

二十八、其他热带及亚热带水果	荚果类果品（罗望子（酸豆）、角豆、苹婆等）	1	多菌灵（carbendazim）	0.5	GB 2763-2012	NY/T 1680 蔬菜水果中多菌灵等 4 种苯并咪唑类农药残留量的测定 高效液相色谱法
		2	溴氰菊酯（deltamethrin）	0.05	GB 2763-2012	NY/T 761 蔬菜和水果中有机磷、有机氯、拟除虫菊酯和氨基甲酸酯类农药多残留的测定
		3	镉（cadmium）	0.05	GB 2762-2012	GB/T 5009.15 食品中镉的测定
	浆果类果品（香蕉、石榴、火龙果、杨桃、无花果、桑葚、柿、西番莲、黄皮、莲雾、蛋黄果、人心果、番石榴等）；坚（壳）果类果品（椰子、槟榔等）；核果类果品（芒果、杨梅、毛叶枣、海枣、橄榄、白榄、乌榄、油橄榄等）	1	克百威（carbofuran）	0.02	GB 2763-2012	NY/T 761 蔬菜和水果中有机磷、有机氯、拟除虫菊酯和氨基甲酸酯类农药多残留的测定
		2	甲胺磷（methamidophos）	0.05	GB 2763-2012	
		3	氧乐果（omethoate）	0.02	GB 2763-2012	

（续表）

二十八、其他热带及亚热带水果	浆果类果品（香蕉、石榴、火龙果、杨桃、无花果、桑葚、柿、西番莲、黄皮、莲雾、蛋黄果、人心果、番石榴等）；坚（壳）果类果品（椰子、槟榔等）；核果类果品（芒果、杨梅、毛叶枣、海枣、橄榄、白榄、乌榄、油橄榄等）	4	溴氰菊酯（deltamethrin）	0.05（香蕉、椰子；芒果、番石榴、西番莲、黄皮）	GB 2763-2012	
		5	氰戊菊酯（fenvalerate）	0.2	GB 2763-2012	
		6	三唑酮（triadimefon）	0.05（香蕉、椰子）	GB 2763-2012	
		7	铅（以 Pb 计）	0.1	GB 2762-2012	GB 5009.12 食品安全国家标准 食品中铅的测定
二十九、香辛料	花椒、白胡椒、黑胡椒、八角、肉桂、月桂、小茴香、丁香、孜然、小豆蔻、玉果、甘牛至、留兰香、欧芹、多香果、肉豆蔻、牛至、香草兰等	1	黄曲霉毒素 B_1（aflatoxin B_1）	0.005	GB 2761-2011	GB/T 18979 食品中黄曲霉素的测定 免疫亲和层析净化高效液相色谱法和荧光光度法
		2	二氧化硫（以 SO_2 计）	200（干制蔬菜）	GB 2760-2011	GB/T 5009.34 食品中亚硫酸盐的测定

（续表）

三十、杂粮类	绿豆、豌豆、赤豆、小扁豆、鹰嘴豆等	1	克百威（carbofuran）	0.1	GB 2763-2012	GB/T 5009.104 植物性食品中氨基甲酸酯类农药残留量的测定
		2	甲拌磷（phorate）	0.05	GB 2763-2012	GB/T 5009.20 食品中有机磷农药残留量的测定
		3	毒死蜱（chlorpyrifos）	0.05	GB 2763-2012	GB/T 5009.145 植物性食品中有机磷和氨基甲酸酯类农药多种残留的测定
		4	铅（以 Pb 计）	0.2	GB 2762-2012	GB 5009.12 食品安全国家标准 食品中铅的测定
		5	镉（以 Cd 计）	0.1	GB 2762-2012	GB/T 5009.15 食品中镉的测定
		6	总砷（以 As 计）	0.1	GB 2762-2012	GB/T 5009.11 食品中总砷及无机砷的测定

（续表）

三十、杂粮类	绿豆、豌豆、赤豆、小扁豆、鹰嘴豆等	7	黄曲霉毒素 B_1（aflatoxin B1）	0.005	GB 2761-2011	GB/T 18979 食品中黄曲霉毒素的测定 免疫亲和层析净化高效液相色谱法和荧光光度法
三十一、甘蔗	鲜食果蔗	1	甲基异柳磷（isofenphos-methyl）	0.02	GB 2763-2012	GB/T 5009.144 植物性食品中甲基异柳磷残留量的测定
		2	克百威（carbofuran）	0.1	GB 2763-2012	NY/T 761 蔬菜和水果中有机磷、有机氯、拟除虫菊酯和氨基甲酸酯类农药多残留的测定
		3	毒死蜱（chlorpyrifos）	0.05	GB 2763-2012	
		4	莠去津（atrazine）	0.05	GB 2763-2012	GB/T 5009.132 食品中莠去津残留量的测定
		5	铅（以 Pb 计）	0.1	GB 2762-2012	GB 5009.12 食品安全国家标准 食品中铅的测定

（续表）

三十二、甜菜	糖用甜菜	1	克百威（carbofuran）	0.1	GB 2763-2012	NY/T 761 蔬菜和水果中有机磷、有机氯、拟除虫菊酯和氨基甲酸酯类农药多残留的测定
		2	多菌灵（carbendazim）	0.1	GB 2763-2012	NY/T 1680 蔬菜水果中多菌灵等 4 种苯并咪唑类农药残留量的测定 高效液相色谱法
		3	甲基异柳磷（isofenphos-methyl）	0.05	GB 2763-2012	GB/T 5009.144 植物性食品中甲基异柳磷残留量的测定
		4	三唑酮（triadimefon）	0.1	GB 2763-2012	GB/T 5009.126 植物性食品中三唑酮残留量的测定

（续表）

三十三、甜叶菊	甜叶菊	1	毒死蜱（chlorpyrifos）	0.05	GB 2763-2012	NY/T 761 蔬菜和水果中有机磷、有机氯、拟除虫菊酯和氨基甲酸酯类农药多残留的测定
		2	辛硫磷（phoxim）	0.05	GB 2763-2012	GB/T 5009.102 植物性食品中辛硫磷农药残留量的测定
三十四、参类	人参和西洋参（鲜）	1	六六六（HCB）（benzene hexachloride）	0.05	GB 2763-2012	NY/T 761 蔬菜和水果中有机磷、有机氯、拟除虫菊酯和氨基甲酸酯类农药多残留的测定
		2	五氯硝基苯（quintozene）	0.2	GB 2763-2012	
三十五、瓜子	葵花籽、南瓜籽、西瓜子、西葫芦籽	1	多菌灵（carbendazim）	0.1	GB 2763-2012	NY/T 1680 蔬菜水果中多菌灵等 4 种苯并咪唑类农药残留量的测定 高效液相色谱法

（续表）

三十五、瓜子	葵花籽、南瓜籽、西瓜子、西葫芦籽	2	溴氰菊酯（deltamethrin）	0.01	GB 2763-2012	GB/T 5009.110 植物性食品中氯氰菊酯、氰戊菊酯和溴氰菊酯残留量的测定
		3	氰戊菊酯（fenvalerate）	0.1	GB 2763-2012	
		4	铅（以 Pb 计）	0.2	GB 2762-2012	GB 5009.12 食品安全国家标准 食品中铅的测定
三十五、瓜子	葵花籽、南瓜籽、西瓜子、西葫芦籽	5	镉（以 Cd 计）	0.5	GB 2762-2012	GB/T 5009.15 食品中镉的测定
		6	黄曲霉毒素 B_1（aflatoxin B_1）	0.005	GB 2761-2011	GB/T 18979 食品中黄曲霉毒素的测定 免疫亲和层析净化 高效液相色谱法和荧光光度法
		7	酸价（以油脂计，mgKOH/g）	3	GB 9300-2003	GB/T 14488.1 植物油料含油量测定

（续表）

三十六、可食花卉	茉莉花、玫瑰花、栀子花、菊花、桂花、梨花、桃花、白兰花、荷花、山茶花、金雀花、丁香花、芙蓉、月季、海棠、玉兰花、霸王花、大丽花以及其他可食花卉	1	毒死蜱（chlorpyrifos）	0.1	GB 2763-2012	NY/T 761 蔬菜和水果中有机磷、有机氯、拟除虫菊酯和氨基甲酸酯类农药多残留的测定
		2	氯氰菊酯（cypemethrin）	2	GB 2763-2012	
		3	乐果（dimethoate）	1	GB 2763-2012	
		4	铅（以 Pb 计）	0.3	GB 2762-2012	GB 5009.12 食品安全国家标准 食品中铅的测定
		5	镉（以 Cd 计）	0.2	GB 2762-2012	GB/T 5009.15 食品中镉的测定

221. 无公害农产品认证由哪些部门实施？

答：无公害农产品认证工作由农业部农产品质量安全中心统一组织实施，对材料审查、现场检查和产品检验等进行全面评审，符合颁证条件的，由中心主任签发《无公害农产品认证证书》，将获得无公害农产品认证的产品目录，同时报农业部和国家认证认可监督管理委员会备案，由农业部和国家认证认可监督管理委员会公告。

222. 无公害农产品产地认定与产品认证有什么关系？

答：无公害农产品产地认定和产品认证的关系是：

（1）产地认定是产品认证的必要条件，只有通过无公害农产品产地认定才能通过产品认证；

（2）产品认证可以在产地认定的基础上申报，也可与产地认定同时申报；

（3）当产地认定证书被撤销时，其产品证书同时撤销。

223. 多个产品同时申请无公害农产品认证能否使用一套认证申报材料？

答：可以。同一申请人可以通过一份申请书和一套附报材料一次完成多个产品认证的同时申报。

224. 无公害农产品产地与产品申请人不一致时，该怎么办？

答：需要补充产地认定证书持有人和产品申请人之间的

关系或协议等证明材料。

225. 已通过认定的无公害蔬菜产地，能否直接申报除蔬菜作物以外的无公害农产品认证？

答：不能。

226. 首次进行无公害农产品认证申请人需提交哪些申请材料？

答：（1）《无公害农产品产地认定与产品认证申请书》；

（2）国家法律法规规定申请者必须具备的资质证明文件（复印件）；

（3）无公害农产品生产质量控制措施；

（4）无公害农产品生产操作规程；

（5）有效期内的《无公害农产品产地认定证书》；

（6）符合规定要求的《产品检验报告》；

（7）最近生产周期使用农药的生产记录（复印件）；

（8）《无公害农产品产地认定与产品认证现场检查报告》和《无公害农产品产地认定与产品认证报告》；

（9）《无公害农产品内检员证书》（复印件）；

（10）以农民专业合作经济组织作为主体和公司+农户形式申报的，提交与合作农户签署的含有产品质量安全管理措施的合作协议和农户名册（包括农户名单、地址、种植规模）。

227. 初级加工品申请无公害农产品认证时，需增加提交哪些材料？

答：除正常申报材料以外，还需要提交：

（1）卫生许可证复印件；

（2）加工技术规程。

228. 农民专业合作经济组织和“公司+农户”形式申报的无公害农产品认证的申请人，还需提交哪些材料？

答：以农民专业合作经济组织作为主体和公司+农户形式申报的，提交与合作农户签署的含有产品质量安全管理措施的合作协议和农户名册（包括农户名单、地址、种植规模）。必须真实；管理措施必须切实可行。

229. 申请无公害农产品产地认定与产品认证收费吗？

答：不收费。

230. 已获得绿色食品、有机食品认证的农产品是否有必要申请无公害农产品？

答：已获得绿色食品、有机食品认证的农产品不能视为通过无公害农产品认证，因为它们的认证程序、执行标准、审查内容都各有侧重，不能等同。已获得绿色食品、有机食品认证的农产品可根据需要自愿申请无公害农产品认证。

231. 首次申报无公害农产品认证的程序是怎样的?

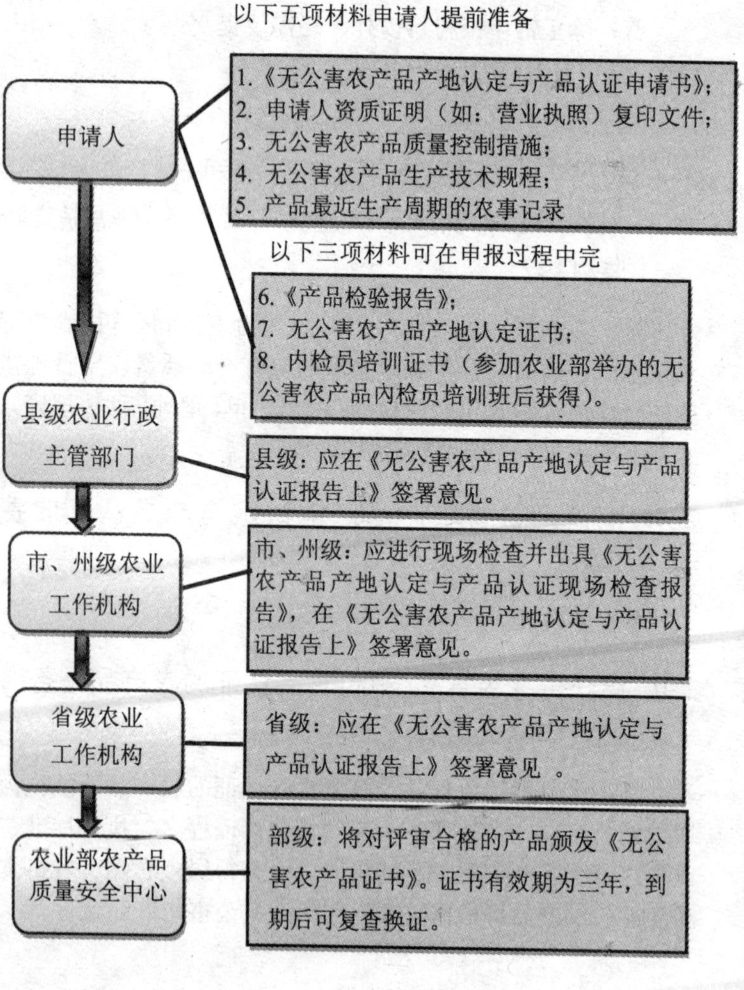

232. 如何制定无公害农产品生产操作规程？

答：无公害农产品认证申请人可参照种植品种、模式选择相关“无公害（种）养殖技术规范”标准，并结合本企业的生产实际情况制定出用于指导生产实践的技术规程，以确保产品质量达到相应的无公害产品标准要求。无公害农产品生产操作规程不能完全照搬国家或者行业相应的技术标准。

233. 生产基地在外地，拥有外地颁发的产地证书，能否使用该基地证书在本地的单位申请产品认证？

答：可以。

234. 无公害农产品检测样品个数是怎么确定的？

答：同一产地、同一生长周期、适用同一无公害食品标准生产的多种产品（参照《无公害农产品认证的产品目录》）在申请认证时，检测产品抽样数量原则上采取按照申请产品数量开二次方根（四舍五入取整数）的方法确定，并按规定标准进行检测。申报之日前两年内部、省监督抽检质量安全不合格的产品应包含在检测产品抽样数量之内。

235. 同一企业在不同区域生产的同一商标同一产品，应如何检测？

答：应该分别抽检，申报无公害农产品时应分别提交各区域产品的检验报告。

236. 目前四川省承担无公害农产品检测的单位有哪些?

答：无公害农产品检测机构是由农业部农产品质量安全中心依据《无公害农产品检测机构选定委托管理办法》进行委托通过国家计量认证、具有资质的检测机构。目前有以下单位：农业部食品质量安全监督检验测试中心（成都），四川省乐山农产品（畜产品）质量检测中心、南充市农产品质量监测检验中心、泸州农业质量检测中心、四川省攀西无公害农产品监测中心、遂宁市农产品质量监测检验中心、德阳市农产品质量检测中心、广元市综合性农产品质量检验监测中心。随着其他检测中心各项能力的不断提升，无公害农产品委托检测机构将不断增加。

237.《产品检验报告》的有效期是多久?

答：一年。

238. 无公害农产品认证申请中对《产品检验报告》有什么要求?

答：申请人在提交申请材料时提供的《产品检验报告》必须是盖有鲜章的原件，复印件无效。

239. 无公害农产品认证现场检查的内容主要有哪些?

答：检查员在进行现场检查时，应根据《无公害农产品认证（种植业）现场检查实施细则（试行）》进行。检查的主要内容包括产地环境、投入品管理、生产过程控制、初加工等四个方面的检查项目。

240. 无公害农产品认证现场检查由哪些部门来实施?

答：目前四川省无公害农产品认证现场检查实行的是委托市、县两级农业部门无公害农产品认证工作机构承担,由市级农业行政主管部门无公害农产品认证工作机构负责填写无公害农产品认证现场检查报告。

241. 无公害农产品认证证书管理有何规定?

答：无公害农产品认证证书有效期为三年。期满需继续使用的，应当在有效期90天前，按照《无公害农产品复查换证规范》进行复查换证。

242. 无公害农产品认证复查换证需要提交哪些材料?

答：须提交如下材料：

（1）《无公害农产品复查换证信息登录表》

（2）《无公害农产品产地认定与产品认证复查换证申请和审查报告》

（3）无公害农产品内检员证书

243. 在哪些情况下，将暂停无公害农产品认证证书？

答：有如下情况的：

（1）生产过程发生变化，产品达不到无公害农产品标准要求；

（2）经检查、检验、鉴定，不符合无公害农产品标准要求。

244. 在哪些情况下，将撤销无公害农产品认证证书？

答：有如下情况的：

（1）擅自扩大无公害农产品标志使用范围；

（2）转让、买卖证书和无公害农产品标志；

（3）产地认定证书被撤销；

（4）被暂停产品证书未在规定期限内改正的。

245. 无公害农产品认证是不是“一次认证，三年无忧”？

答：无公害农产品需要在生产中时刻注意，不能只要通过检测认证以后就放松质量控制。农业部农产品质量安全中心和各级农业部门会针对在证书有效期内的产品做跟踪抽查监督检验。

246. 对无公害农产品产地的监督管理主要有哪些内容？

答：对无公害农产品产地的监督管理的主要内容有产地

认定证书的发放与管理、产地标示牌的管理和产地状况的监督抽查。

247. 对无公害农产品产地标示牌有什么规定?

答：无公害农产品产地标示牌应包括产地范围、产品品种和责任人三项内容。

248. 对在无公害农产品产地监督抽检中出现的问题应如何处理?

答：由农业部农产品质量安全中心对抽检有不合格产品的单位发出整改通知，要求其限期整改，并暂停其证书及标志的使用，由省级无公害农产品认证工作机构监督执行。整改合格的，恢复其证书及标志的使用；整改不合格的，将撤销其证书及标志的使用，报农业部和国家认证认可监督管理委员会予以公告，并由相应的行政主管部门依据《农产品质量安全法》相关规定进行处理。

249. 无公害农产品监督管理的内容有哪些?

答：包括以下内容：

（1）查阅或者要求生产者、销售者提供有关材料；

（2）对产地认定、产品认证工作进行监督；

（3）对检测工作、经营场所、标志使用进行检查和检验、鉴定。

250. 对在无公害农产品监督抽检中出现不合格的产品如何处理？

答：由农业部农产品质量安全中心对抽检有不合格产品的单位发出整改通知，要求其限期整改，并暂停其证书及标志的使用，由省级无公害农产品认证工作机构监督执行。整改合格的，恢复其证书及标志的使用；整改不合格的，将撤销其证书及标志的使用，报农业部和国家认证认可监督管理委员会予以公告，并由相应的行政主管部门依据《农产品质量安全法》相关规定进行处理。

251. 已获证的无公害农产品若不符合认证标准要求，如何处罚？

答：获得无公害农产品认证并加贴标志的产品，经检查、检测、鉴定，不符合无公害农产品认证标准要求的，由县级以上农业行政主管部门或者各地农产品质量检验检疫部门，责令停止使用无公害农产品标志，由认证机构暂停或者撤销认证证书。并可根据《农产品质量安全法》中的相关规定，责令停止销售，追回已经销售的农产品，对违法销售的农产品进行无公害处理或者予以监督销毁；没收违法所得，并处2000元以上2万元以下罚款。

252. 无公害农产品认证的申（投）诉受理原则是什么？

答：无公害农产品认证的申（投）诉受理原则：

（1）有证据表明，农业部农产品质量安全中心、分中心、受托检测机构及相关认证工作人员的活动对申（投）诉方权益已经或将要形成危害或者已经违反国家或农业部农产品质量安全中心有关规定；

（2）对农业部农产品质量安全中心的认证结论存在异议；

（3）有证据表明，有损害无公害农产品整体形象，扰乱无公害农产品市场秩序，侵害生产者、经营者和消费者合法权益行为的发生，且在农业部农产品质量安全中心职权范围内的。

253. 怎样获取无公害农产品产地认定和产品认证的申请书？

答：登录四川省农产品质量安全网（www.scncpaq.gov.cn）获取或向所在县级以上农业部门领取。

254. 无公害农产品产地认定与产品认证申报过程中各级工作机构的职能有哪些？审查时限多长？

答：县级工作机构自收到申请之日起 10 个工作日内，负责完成对申请人申请材料的形式审查。符合要求的，在《无公害农产品产地认定与产品认证报告》（以下简称《认证报告》）签署推荐意见，连同申请材料保送地级工作机构审查。不符合要求的，书面通知申请人整改、补充材料。地级工作机构自收到申请材料、县级工作机构推荐意见之日起 15 个工作日内，对全套申请材料进行符合性审查，符合要求的，在《认证报告》上签署意见（直辖市和计划单列市的地级工作合并到县级一并完成），报送省级工作机构。不符合要求的，书面告知县级工作机构通知申请人整改、补充材料。省级工作机构自收到申请材料及县、地两级工作机构推荐、审查意见之日起 20 个工作内，应当组织或者委托地、县两级有资质的检查员按照《无公害农产品认证现场检查工作程序》进行现场检查，完成对整个认证申请的初审，并在《认证报告》上提出初审意见。通过初审的，报请省级农业行政主管部门颁发《无公害农产品产地认定证书》，同时将申请材料、《认证报告》和《无公害农产品产地认定与产品认证现场检查报告》及时报送部级各业务对口分中心复审。未通过初审的，书面告知地、县级工作机构通知申请人整改、补充材料。

255. 发展无公害农产品的意义?

答：无公害农业是世界现代农业发展的总体趋势，是质量安全的基本要求，是国家品牌，政府对农产品质量安全的承诺。无公害农产品生产将成为一种强制执行的标准。

256. 无公害农产品、绿色食品、有机食品有什么区别?

答：一是在市场定位上，无公害农产品是公共安全品牌，保障基本安全，满足大众消费；绿色食品是农业精品品牌，质量安全达到发达国家水平，满足国内大、中城市和国际市场消费需求；有机食品满足特定消费，主要服务于出口贸易。

二是在产品结构上，无公害农产品是老百姓日常生活离不开的“菜篮子”和“米袋子”等大宗初级农产品；绿色食品以初级农产品为基础、加工农产品为主体；有机食品以初级和初加工农产品为主。

三是在技术制度上，无公害农产品推行“标准化生产、投入品监管、关键点控制、安全性保障”的技术制度；绿色食品按照“从土地到餐桌”全程质量控制的技术路线，建立了“两端监测，过程控制、质量认证、标志管理”；有机食品强调常规农业向有机农业转换，推行基本不用化学投入品的技术制度。

四是在认证方式上，无公害农产品认证采取产地认定与产品认证相结合的方式，产地认定主要解决产地环境和生产过程中的质量安全控制问题，是产品认证的前提和基础。产品认证主要解决产品安全和市场准入问题；绿色食品推行质量认证与商标管理相结合的认证管理模式；有机食品注重生产过程监控。

五是在发展机制上，无公害农产品认证是为保障农产品生产和消费安全而实施的政府质量安全担保制度，属于公益性事业，实行政府推动的发展机制，认证不收费；绿色食品采取政府引导与市场动作相结合的发展机制；有机食品按照国际惯例，采取市场化动作。

六是在标志管理上，无公害农产品标志是由农业部和国家认证认可监督管理委员会联合公告的，依据《无公害农产品标志管理办法》实施全国统一标志管理；绿色食品标志是质量证明商标，是经国家工商行政管理总局商标局注册的全国统一的、唯一的标识，依据国家《商标法》、《集体商标、证明商标注册和管理办法》来监督、管理；有机食品标志在不同国家和不同认证机构各不相同。

（二）绿色食品

257. 绿色食品分哪些等级?

答：目前，绿色食品标准分为两个技术等级，即 AA 级绿色食品标准和 A 级绿色食品标准。AA 级绿色食品标准要求：生产地的环境质量符合《绿色食品产地环境质量标准》，生产过程中不使用化学合成的农药、肥料、食品添加剂、饲料添加剂、兽药及有害于环境和人体健康的生产资料，而是通过使用有机肥、种植绿肥、作物轮作、生物或物理方法等技术，培肥土壤、控制病虫草害、保护或提高产品品质，从而保证产品质量符合绿色食品产品标准要求。A 级绿色食品标准要求：生产地的环境质量符合《绿色食品产地环境质量标准》，生产过程中严格按绿色食品生产资料使用准则和生产操作规程要求，限量使用限定的化学合成生产资料，并积极采用生物学技术和物理方法，保证产品质量符合绿色食品产品标准要求。

258. 绿色食品标志的含义是什么?

答：绿色食品标志由三部分构成，即上方的太阳、正文的叶片和中心的蓓蕾，象征自然生态；颜色为绿色，象征着生命、农业、环保；图形为正圆形，意为保护。绿标图形描绘了一幅明媚阳光照耀下的和谐生机，告诉人们绿色食品是出自纯净、良好生态环境的安全无污染食品，能给人们带来蓬勃的生命力。同时还提醒人们要保护环境，通过改善人与自然的关系，创造自然界新的和谐。

259. 绿色食品申请人应该具备什么条件?

答：申请使用绿色食品标志的生产单位（以下简称申请人），应当具备下列条件：

（1）能够独立承担民事责任；

（2）具有绿色食品生产的环境条件和生产技术；

（3）具有完善的质量管理和质量保证体系；

（4)具有与生产规模相适应的生产技术人员和质量控制人员；

（5）具有稳定的生产基地；

（6）申请前三年内无质量安全事故和不良诚信记录。

260. 哪些产品可以申报绿色食品?

答：申请使用绿色食品标志的产品，应当符合《中华人民共和国食品安全法》和《中华人民共和国农产品质量安全法》等法律法规规定，在国家工商总局商标局核定的范围内，并具备下列条件：

（1）产品或产品原料产地环境符合绿色食品产地环境质量标准；

（2）农药、肥料、饲料、兽药等投入品使用符合绿色食品投入品使用准则；

（3）产品质量符合绿色食品产品质量标准；

（4）包装贮运符合绿色食品包装贮运标准。

261. 绿色食品认证程序是什么？

答：认证程序如下所述：

（1）申请人应当向省级工作机构提出申请，并提交下列材料：

① 标志使用申请书；

② 资质证明材料；

③ 产品生产技术规程和质量控制规范；

④ 预包装产品包装标签或其设计样张；

⑤ 中国绿色食品发展中心规定提交的其他证明材料。

（2）省级工作机构应当自收到申请之日起十个工作日内完成材料审查。符合要求的，予以受理，并在产品及产品原料生产期内组织有资质的检查员完成现场检查；不符合要求的，不予受理，书面通知申请人并告知理由。

现场检查合格的，省级工作机构应当书面通知申请人，由申请人委托符合第七条规定的检测机构对申请产品和相应的产地环境进行检测；现场检查不合格的，省级工作机构应当退回申请并书面告知理由。

（3）检测机构接受申请人委托后，应当及时安排现场抽样，并自产品样品抽样之日起20个工作日内、环境样品抽样之日起30个工作日内完成检测工作，出具产品质量检验报告和产地环境监测报告，提交省级工作机构和申请人。

（4）省级工作机构应当自收到产品检验报告和产地环境监测报告之日起20个工作日内提出初审意见。初审合格的，将初审意见及相关材料报送中国绿色食品发展中心。初审不合格的，退回申请并书面告知理由。

（5）中国绿色食品发展中心应当自收到省级工作机构报送的申请材料之日起30个工作日内完成书面审查，并在20个工作日内组织专家评审。必要时，应当进行现场核查。

（6）中国绿色食品发展中心应当根据专家评审的意见，在5个工作日内作出是否颁证的决定。同意颁证的，与申请人签订绿色食品标志使用合同，颁发绿色食品标志使用证书，并公告；不同意颁证的，书面通知申请人并告知理由。

262. 加工产品申报绿色食品，对其原料成分有什么具体要求？

答：

（1）加工用水应符合《绿色食品加工用水质量标准》。

（2）已获得绿色食品认证的原料含量在加工产品中所占的比例不得少于90%。

（3）同一种原料不得既来自绿色食品认证的产品又来自未获得绿色食品认证的产品。

（4）未获得绿色食品认证，含量在2%~10%的原料，要求有固定来源和省级或省级以上质检机构的检验报告，原料质量符合绿色食品产品质量标准要求。

（5）未获得绿色食品认证、含量小于2%的原料（如部分香辛料、发酵剂、釉料等），应有固定来源且达到食品级原料要求。

（6）食品添加剂应符合NY/T 392 《绿色食品 食品添加剂使用准则》要求。

（7）禁止使用转基因原料产品。

263. 绿色食品认证由哪些部门实施？

答：四川省内的绿色食品认证由四川省绿色食品发展中心负责实施。

264. 绿色食品认证证书由哪个机构发放？

答：绿色食品证书由中国绿色食品发展中心发放。

265. 目前四川省承担绿色食品环境监测和产品检测的单位有哪些？

答：四川省绿色食品环境监测工作都主要由农业部肥料质量监督检验测试中心（成都）承担。产品检测主要有农业部食品质量监督检验测试中心（成都）承担。

266. 什么是绿色食品的年度检查？有哪些内容？

答：绿色食品年度检查是指中国绿色食品发展中心及中

心委托省、市、自治区管理机构对获得绿色食品标志使用权的企业在一个标志使用年度内的绿色食品生产经营活动、产品质量及标志使用行为实施的监督、检查、考核、评定等。主要内容有：

（1）检查企业的产品质量及控制体系状况；

（2）检查企业规范使用绿色食品标志情况；

（3）检查企业按规定缴纳标志使用费情况；

（4）其他应检查的主要内容。

267. 绿色食品标志使用的有效期有多长？

答：绿色食品标志有效使用期为 3 年。

268. 绿色食品到期后续展程序是什么？

答：续展程序如下所述：

（1）申请人向省绿色食品发展中心提交《绿色食品标志续展认证申请书》及以下材料（一式两份）：

① 企业营业执照等法定资质文件复印件；

② 保证续展产品执行绿色食品标准和规范声明；

③ 经核准的绿色食品证书复印件；

④ 续展期加工产品的原料供应购销合同（包括公司与基地的协议或合同等）；

⑤ 要求提供的其他材料。

（2）初审和现场检查

① 省绿色食品发展中心收到企业续展申请材料后，组织有资质的检查员完成初审；

② 省绿色食品发展中心与初审合格的申请人确定现场检查事项，并按规定委派有资质检查员实施现场检查；

③ 检查员依据绿色食品相关标准和续展现场检查评估项目，逐项检查，并向省绿色食品发展中心递交续展现场检查评估报告。

（3）环境质量监测

① 经环境质量现状调查确认，产品或产品原料产地范围、产地面积、产地环境质量等均未发生改变的，免予环境监测；

② 产地范围、产地面积、产地环境质量其中任一项发生变化且确须进行环境监测的，按有关规定实施环境监测。

（4）产品质量检测

① 对证书有效期内中国绿色食品发展中心年度抽检合格产品，经检查确认符合相关要求的，该产品及其同类系列产品免于产品抽样检测。同类系列产品及免检产品数按《绿色食品产品抽样准则》（NY/T896）有关规定确定；

② 凡企业提供了近一年内绿色食品定点产品监测机构出具的产品检验报告，并经检查员确认，符合绿色食品产品检测项目和质量要求的，该产品免抽样检测；

③ 不符合上述（1）、（2）款规定的，需要进行抽样检测，并按以下方法确定产品抽样数：种植（养殖）基地相同、过程类似的同类系列产品或加工工艺、原料配方基本一致的同类系列产品，按 $n\times0.8$ 取整数（n 为样本数）随机确定产品抽样数；

④ 绿色食品定点产品监测机构自收到样品、产品执行标准、《绿色食品产品抽样单》、检测费后，在 15 个工作日出具

产品检验报告，连同填写的《绿色食品产品检测情况表》报送申请人所在省绿色食品发展中心。

（5）续展审核

① 省绿色食品发展中心收到检查员续展认证现场检查评估报告及有关环境监测报告、产品检验报告后，组织有资质的检查员完成续展审核，并填写《绿色食品续展认证报告》；

② 省绿色食品发展中心将续展申请材料、《绿色食品续展认证报告》、《省绿色食品发展中心续展认证工作情况表》在证书有效期满前 1 个月报送中国绿色食品发展中心认证部门。

（6）认证决定

① 中心认证部门收到上述材料后 10 个工作日内组织完成综合审查；

② 中心主任做出续展认证决定。

（7）颁证

269. 应该提前多长时间进行续展？

答：企业应在绿色食品标志使用证有效期满前 3 个月，向省绿色食品发展中心提出书面续展申请。

270. 绿色食品续展应符合什么条件？

答：应符合以下条件：

（1）企业用标期间年度检查合格，并认真执行了《绿色食品标志商标使用许可合同》；

（2）企业应在绿色食品商标标志使用证有效期满前 3

个月向省绿色食品发展中心提出书面续展申请。

271. 绿色食品商标标志的性质是什么?

答：绿色食品商标标志是中国绿色食品发展中心在国家工商行政管理总局商标局注册的证明商标。

272. 使用绿色食品商标标志是否收费? 内容有哪些?

答：要收费，绿色食品商标标志作为一个质量证明商标，要使用必须缴纳一定费用。主要分为认证费和标志使用费。根据申报产品的类别，费用情况也不同，详细内容可登陆中国绿色食品网（www.greenfoodorg.cn）查阅。

273. 绿色食品商标注册内容有哪些?

答：

（1）绿色食品注册商标分别为四种形式。

（2）商标注册人：中国绿色食品发展中心。

274. 绿色食品商标的法律保护依据有哪些？

答：绿色食品商标的法律保护依据有：

（1）《中华人民共和国商标法》；

（2）《集体商标、证明商标注册和管理办法》；

（3）《全国人民代表大会常务委员会关于惩治假冒注册商标犯罪的补充规定》；

（4）《中华人民共和国产品质量法》；

（5）《中华人民共和国反不正当竞争法》；

（6）《关于依法使用、保护“绿色食品”商标标志的通知》（工商标字（1992）第77号）；

（7）国家工商行政管理局工商企函字（1996）第82号文（内容为加强对以“绿色食品”冠名单位实行登记注册后的监督管理）。

（8）《中华人民共和国农产品质量安全法》；

（9）《中华人民共和国食品安全法》；

（10）《中华人民共和国食品安全法实施条例》；

（11）《国务院关于加强食品等产品安全监督管理的特别规定》；

（12）《农产品包装和标识管理办法》；

（13）《绿色食品标志管理办法》。

275. 绿色食品商标的地域限制有哪些？

答：绿色食品商标在中国、美国、日本、英国、法国、葡萄牙、芬兰、俄罗斯及香港特别行政区等已注册的国家和地区受相关法律保护。绿色食品生产企业在出口产品上使用绿色食品商标须经中国绿色食品发展中心同意。

276. 绿色食品商标使用的商品（产品）限定有什么规定？

答：未经中国绿色食品发展中心许可，任何单位和个人不得使用绿色食品标志。

禁止将绿色食品标志用于非许可产品及其经营性活动。

277. 绿色食品商标设计有什么要求？

答：有如下要求：

（1）须符合《中国绿色食品商标标志设计使用规范手册》要求。

（2）提倡四位一体（标志图形、“绿色食品”文字、企业信息码和防伪标签）。（此段建议删除）

（3）企业信息码印在产品包装上原产品编号的位置，并与绿色食品标志商标（组合图形）同时使用。现行产品编号只在绿色食品标志商标许可使用证书上体现，一品一号原则（一个商品名对应一个编号）。

（4）产品外包装可加注“经中国绿色食品发展中心许可使用绿色食品标志”的英文应统一译为“Certified China Green Food Product”。

278. 绿色食品现行编号及代码是怎么样的?

答：产品标志编号 LB—××—×× ×× ×× ×××× A（AA）

绿标 产品 认证 认证 省份 产品 级别

类别 年份 月份 （国别） 序号

企业信息码 GF××××××××××××

GF 是绿色食品英文“GREEN FOOD”头一个字母的缩写组合，后面为 12 位阿拉伯数字，其中 1～6 位为地区代码（按行政区划编制到县级），7～8 位为企业获证年份，9～62 位为当年获证企业序号。

279. 什么是绿色食品标准?

答：绿色食品标准是应用科学技术原理，结合绿色食品生产实践，借鉴国内外相关标准所制定的，在绿色食品生产中必须遵守，在绿色食品质量认证时必须依据的技术性文件。绿色食品标准以全程质量控制为核心，对绿色食品产前、产中和产后全过程质量控制技术和指标作了全面的规定，构成了一个科学、完整的标准体系。

280. 绿色食品标准已颁布多少？主要分为几大类?

答：绿色食品标准已颁布 152 项标准。绿色食品标准主要分为五大类：

（1）绿色食品产地环境标准；

（2）绿色食品生产技术标准；
（3）绿色食品产品标准；
（4）绿色食品包装、贮运标准；
（5）其他标准。

281. 绿色食品标准的属性是什么?

答：绿色食品标准的属性是：

（1）是国家农业行业标准（根据适用范围分）；

（2）是推荐性（NY/T）标准（根据法律的约束性分）；

（3）对于绿色食品生产企业来说，是强制性标准，必须严格执行。

282. 绿色食品生产中肥料使用有什么要求?

答：有如下要求：

（1）AA级绿色食品生产过程中除铜、铁、锰、锌、硼、钼等微量元素，硫酸钾，煅烧磷酸盐外，不使用其他化学合成肥料等九项原则。

（2）A 级绿色食品生产过程中允许限量使用部分化肥（但禁止使用硝态氮肥）等一系列措施，减少了对环境与作物产生的不良后果；以有机肥为基础，走有机肥与无机肥相结合的路子（有机氮与无机氮之比至少为1∶1）。

283. 绿色食品生产中农药使用有什么要求?

答：有如下要求：

（1）在AA级绿色食品生产中规定必须使用生物源（微生物、动物、植物）农药及部分矿物源（硫制剂、铜制剂）农药；禁止在上述农药中混配有机合成农药的各种制剂。

（2）在A级绿色食品生产中明确了禁用的高毒、剧毒、高残留及具“三致”作用的农药和限用的化学农药，并规定每种化学农药在一种作物生长期内只允许使用一次，以确保环境与食品不受污染。其他低中毒农药的使用方法（施药量、施药方法、休药期等）遵守国家的相关标准。

（3）严禁使用基因工程品种（产品）及制剂。

284. 绿色食品生产中饲料和饲料添加剂使用有什么要求？

答：有如下要求：

（1）饲料的要求

① 饲料原料可以是已经通过认定的绿色食品；也可以是来源于绿色食品标准化生产基地的产品；或经绿色食品工作机构认定、按照绿色食品生产方式生产、达到绿色食品标准的自建基地生产的产品。

② 不应使用以哺乳动物为原料的动物性产品（不包括乳及乳制品）饲喂反刍动物。

③ 不应使用工业合成的油脂。

④ 不应使用畜禽粪便。

⑤ 不应使用基因方法生产的饲料原料。

⑥ 遵循不使用同源动物源性饲料的原则。

（2）饲料添加剂的要求

① 所选饲料添加剂应是《饲料添加剂品种目录》中所列

的饲料添加剂和允许进口的饲料添加剂品种，或是农业部公布批准使用的饲料添加剂品种，但《NY/T471-2010 绿色食品 畜禽饲料和饲料添加剂使用准则》附录 A 中所列的饲料添加剂除外。

② 不应使用任何药物饲料添加剂。

③ 化学合成维生素、常量元素、微量元素和氨基酸在饲料中的推荐量以及限量参考《饲料添加剂安全使用规范》的规定。

285. 绿色食品生产中兽药使用有什么要求?

答：有如下要求：

（1）优先使用 AA 级和 A 级绿色食品生产资料的兽药产品。

（2）允许使用国家兽医行政管理部门批准的微生态制剂和中药制剂。

（3）允许使用高效、低毒和对环境污染低的消毒剂对饲养环境、厩舍和器具进行消毒。但禁止使用酚类消毒剂，产蛋期不得使用酚类和醛类消毒剂。

（4）允许使用无最高残留限量（MRLs）要求或无停药期要求或停药期短的兽药。

（5）禁止使用《NY/T472 绿色食品 兽药使用准则》附录 A 中的兽药。

（6）禁止使用药物饲料添加剂。

（7）禁止为了促进畜禽生长而使用抗生素、抗寄生虫药、激素或其他生长促进剂。

（8）禁止使用未经国家兽医行政管理部门批准作为兽药使用的药物。

（9）禁止使用用基因工程方法生产的兽药。

（10）所用兽药应来自具有生产许可证和产品批准文号并通过农业部 GMP 验收的生产企业，或者具有《进口兽药登记许可证》的供应商。

（11）建立并保存消毒记录。

（12）建立并保存动物的免疫程序记录。

（13）建立并保存患病动物的治疗记录。

（14）所有记录资料应在清群后保存两年以上。

286. 绿色食品生产中渔药使用有什么要求?

答：有如下要求：

（1）AA 级绿色食品允许使用渔用微生态制剂、生物源渔用免疫增强剂、生物杀虫剂或杀菌剂，安全的中草药及其成药制剂等；限制使用活疫苗；禁止使用化学合成渔药、抗生素药、含转基因制品的渔药。

（2）A 级绿色食品允许使用高效、低毒、低残留的符合《NY/T755　绿色食品　渔药使用准则》附录 B 的化学合成渔药、抗生素，但须严格遵守规定的作用与用途、使用对象、作用途径、作用剂量、疗程、注意事项和停药期，允许食用安全的消毒剂对养殖水体、器具等进行消毒；禁止使用有致畸、致癌、致突变作用的渔药，降解、代谢慢、易造成水产动物体内蓄积和造成环境污染的渔药，人工合成的激素和促生长剂。

287. 绿色食品生产中食品添加剂使用有什么要求?

答：有如下要求：

（1）AA 级绿色食品只准使用“AA 级绿色食品生产资料”食品添加剂类产品，此类产品不能满足需要，允许使用一物理方法从天然物中分离出来的、或由人工合成但其化学结构、性质与天然物质完全相同，经毒理学评价确认其使用安全的食品添加剂。

（2）A 级绿色食品可使用除《NY/T392 绿色食品食品添加剂使用准则》中规定不准使用的食品添加剂以外的化学合成食品添加剂。

（3）所用食品添加剂的产品质量必须符合相应的国家标准、行业标准。

（4）食品添加剂的使用量应符合 GB2760 和 GB14880 的规定。

（三）有机产（食）品

288. 有机产品标志的含义是什么?

答：有机产品认证标志分为中国有机产品认证标志和中国有机转换产品认证标志。

标志的含义：

中国有机产品标志、中国有机转换产品标志的主要图案由三部分组成，即外围的圆形、中间的种子图形及其周围的环形线条。

C:100 M:0 Y:100 K:0
C:0 M:60 Y:100 K:0

中国有机产品认证标志

C:0 M:40 Y:100 K:40
C:0 M:60 Y:100 K:0

中国有机转换产品认证标志

标志外围的圆形形似地球，象征和谐、安全，圆形中的“中国有机产品”和“中国有机转换产品”字样为中英文结合方式，既表示中国有机产品与世界同行，也有利于国内外消费者识别。

标志中间类似种子的图形代表生命萌发之际的勃勃生机，象征了有机产品是从种子开始的全过程认证，同时昭示出有机产品如同刚刚萌生的种子，正在中国大地上茁壮成长。

种子图形周围圆润自如的线条象征环形的道路，与种子图形合并构成汉字“中”，体现出有机产品植根中国，有机之路越走越宽广。同时，处于平面的环形又是英文字母“C”的变体，种子形状也是“O”的变形，意为“China Organic”。

绿色代表环保、健康，表示有机产品给人类的生态环境带来完美与协调。橘红色代表旺盛的生命力，表示有机产品对可持续发展的作用。“中国有机转换产品认证标志”中的褐黄色代表肥沃的土地，表示有机产品在肥沃的土壤上不断发展。

289. 中绿华夏有机食品认证中心标志的含义是什么？

答：标志的含义：标志采用人手和叶片为创意元素。让人可以感觉到两种景象：其一是一只手向上持着一片绿叶，寓意人类对自然和生命的渴望；其二是两只手一上一下握在一起，将绿叶拟人化为自然的手，寓意人类的生存离不开大自然的呵护，人与自然需要和谐美好的生存关系。有机食品概念的提出正是这种理念的实际应用。人类的食物从自然中获取，人类的活动应尊重自然的规律，这样才能创造一个良好的可持续的发展空间。

其标志如图所示：

中绿华夏有机食品认证中心标志

290. 什么是有机产品认证?

答：按照《有机产品》国家标准和《有机产品认证管理办法》以及《有机产品认证实施规则》的规定对有机产品生产和加工过程进行评价的活动。在我国境内销售的有机产品均需经国家认监委批准的认证机构认证。

291. 有机食品认证依据的标准是什么?

答：为规范有机产品认证活动，确保认证程序和管理基本要求的一致性和认证的有效性，根据《中华人民共和国认证认可条例》、《有机产品认证管理办法》和《有机产品认证实施规则》的规定，在中华人民共和国境内销售的有机产品，认证依据的标准是GB/T19630.1～19630.4《有机产品》、《有机产品认证目录》。

292. 有机食品认证由哪些部门实施?

答：按《有机产品认证管理办法》第七条规定，有机产品认证机构应当依法设立，具有《中华人民共和国认证认可条例》规定的基本条件和从事有机产品认证的技术能力，并取得国家认证认可监督管理委员会确定的认可机构（以下简称“认可机构”）的认可后，方可从事有机产品认证活动。境外有机产品认证机构在中国境内开展有机产品认证活动的，应当符合《中华人民共和国认证认可条例》和其他有关法律、行政法规以及本办法的有关规定。

《有机产品认证管理办法》第十条规定，国家认证认可监督管理委员会对符合本办法第七条规定的有机产品认证机构予以批准。国家认证认可监督管理委员会定期公布符合本办法第七条和第九条规定的有机产品认证机构和有机产品检测机构的名录。农业部系统有机产品认证由中绿华夏有机食品认证中心（China Organic Food Certification Center,简称COFCC）执行，中绿华夏有机食品认证中心（中心网站：www.ofcc.org.cn）是中国农业部推动有机农业运动发展和从事有机食品认证、管理的专门机构，也是中国国家认证认可监督管理委员会（CNCA）批准设立的国内第一家有机食品认证机构（批准号 CNCA—R—2002—100），隶属农业部中国绿色食品发展中心，并在国家工商行政管理总局依法注册，具有独立的法人资格。

293. 有机产品认证证书由哪个机构发放?

答：有机产品认证证书由有机产品认证机构发放，认证机构在出具认证证书之前，应当按要求及时向信息系统报送有机产品认证相关信息，并通过该系统获取认证证书编号，认证机构不再自行编号。

农业部有机产品认证证书由中绿华夏有机食品认证中心按要求发放。

294. 哪些食品可以申请有机产品认证?

答：根据《有机产品认证实施规则》的规定，认证委托人除满足基本的法律法规条件外，还必须具备满足认证认可的监督管理需要的相关条款要求，如所申请的产品必须在国家认监委公布的《有机产品认证目录》内，按照《有机产品》标准生产要求管理的产品都可进行有机产品认证。因检出禁用物质、虚报/瞒报认证信息等违反有机产品认证相关规定被撤销证书的生产企业将在一定时期内（一年或五年）不能申请有机产品认证。有机食品是有机产品的一类，有机产品还包括棉、麻、竹、服装、化妆品、饲料（有机标准包括动物饲料）等“非食品”。目前我国有机产品主要是包括粮食、蔬菜、水果、奶制品、畜禽产品、水产品及调料等。

295. 有机产品认证需提交哪些材料？

答：有机产品认证申请人应提交的文件资料包括：

（1）认证委托人的合法经营资质文件复印件，如营业执照副本、组织机构代码证、土地使用权证明及合同等。

（2）认证委托人及其有机生产、加工、经营的基本情况：

认证委托人名称、地址、联系方式；当认证委托人不是产品的直接生产、加工者时，生产、加工者的名称、地址、联系方式；生产单元或加工场所概况；申请认证产品名称、品种及其生产规模包括面积、产量、数量、加工量等；同一生产单元内非申请认证产品和非有机方式生产的产品的基本信息；过去3年间的生产历史，如植物生产的病虫草害防治、投入物使用及收获等农事活动描述；野生植物采集情况的描述；动物、水产养殖的饲养方法、疾病防治、投入物使用、动物运输和屠宰等情况的描述；申请和获得其它认证的情况。

（3）产地（基地）区域范围描述，包括地理位置、地块分布、缓冲带及产地周围临近地块的使用情况等；加工场所周边环境描述、厂区平面图、工艺流程图等。

（4）有机产品生产、加工规划，包括对生产、加工环境适宜性的评价，对生产方式、加工工艺和流程的说明及证明材料，农药、肥料、食品添加剂等投入物质的管理制度以及质量保证、标识与追溯体系建立、有机生产加工风险控制措施等；

（5）本年度有机产品生产、加工计划，上一年度销售量、销售额和主要销售市场等；

（6）承诺守法诚信，接受行政监管部门及认证机构监督和检查，保证提供材料真实、执行有机产品标准、技术规范的声明；

（7）有机生产、加工的管理体系文件；

（8）有机转换计划（适用时）；

（9）当认证委托人不是有机产品的直接生产、加工者时，认证委托人与有机产品生产、加工者签订的书面合同复印件；

（10）其它相关材料。

296. 有机产品认证的申报程序是什么？

答：有机产品认证属于产品认证的范畴，虽然各认证机构的认证程序有一定差异，但有机产品认证的模式通常为“过程检查＋必要的产品和产地环境检测＋证后监督”，认证程序一般包括认证申请和受理、检查准备与实施、合格评定和认证决定、监督与管理（申请—受理—检查准备与实施—认证决定）等主要流程。

主要申报程序如下图所示。

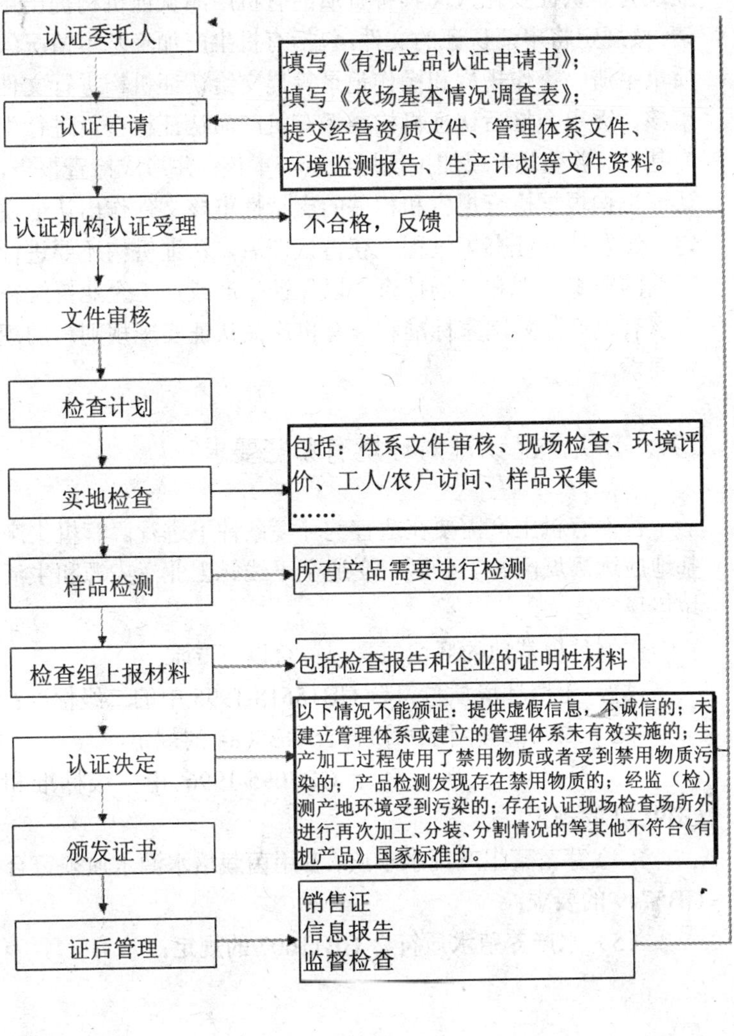

想要获得有机产品认证，需要由有机产品生产或加工企业或者其认证委托人向具备资质的有机产品认证机构提出申请，按规定将申请认证的文件，包括有机生产加工基本情况 、质量手册、操作规程和操作记录等提交给认证机构进行文件审核、评审合格后认证机构委派有机产品认证检查员进行生产基地（养殖场）或加工现场检查与审核、并形成检查报告，认证机构根据检查报告和相关的支持性审核文件作出认证决定、颁发认证证书等过程。获得认证后，认证机构还要进行后续的跟踪管理和市场抽查，以保证生产或加工企业持续符合《有机产品》国家标准和《有机产品认证实施规则》的规定要求。

297. 有机产品认证对环境有哪些要求?

答：有机生产需要在适宜的环境条件下进行。有机生产基地应远离城区、工矿区、交通主干线、工业污染源和生活垃圾场等。

作物种植基地的环境质量应符合以下要求：

（1）土壤环境质量符合 GB15618-1995 中的二级标准；

（2）农田灌溉用水水质符合 GB5084 的规定；

（3）环境空气质量符合 GB3095-1996 中二级标准和 GB9137 的规定；

（4）芽苗菜生产用水水质、食用菌栽培水源水质须符合 GB5749 的要求；

（5）水产养殖水质符合 GB11607 的规定；

（6）畜禽养殖符合 GB18596 畜禽养殖业污染物排放标准；

（7）蜂场应设在有机农业生产区内或设在至少 3 年未使用过禁用物质的自然（野生）区域内；

（8）加工用水符合 GB5749 生活饮用水卫生标准的规定；

（9）纺织品加工用污水处理符合 GB4287 的规定；

298. 有机食品产地环境检测应包括哪些项目?

答：有机食品产地环境检测应包括土壤、水质、大气项目。

299. 有机食品环境检测报告的有效期是多久?

答：企业在初次申请有机食品认证时，应提交国家认证认可监督管理委员会指定的有机产品环境检测机构出具的有机产品环境检测报告。有机产品定点检测机构名单可以在国家认证认可监督管理委员会网站和中绿华夏有机食品认证中心网站查询。

300. 有机食品认证申请中对《产品检验报告》有什么要求?

答：产品检测采用相应的国家标准作为依据，《有机产品》GB/T19630 还同时规定获得认证的产品中不得检出有机生产中禁用物质，重金属指标则与国家标准一致。

301. 有机食品认证现场检查的内容主要有哪些?

答：根据认证依据的要求对认证委托人的管理体系进行评审，核实生产、加工过程与认证委托人按照《有机产品认证实施规则》5.1.2 条款所提交的文件的一致性,确认生产、加工过程与认证依据的符合性。检查过程至少应包括：

（1）对生产、加工、储存和二次分装/分割过程和场所的检查；如生产单元存在非有机生产或加工时，也应对其非有机部分进行检查；

（2）对生产、加工管理人员、内部检查员、操作者的访谈；

（3）对 GB/T 19630.4 所规定的管理体系文件与记录进行审核；

（4）对认证产品的产量与销售量的汇总核算；

（5）对产品和认证标志追溯体系、包装标识情况的评价和验证；

（6）对内部检查和持续改进的评估；

（7）对产地和生产加工环境质量状况的确认，并评估对有机生产、加工的潜在污染风险；

（8）样品采集；

（9）对上一年度提出的不符合项采取的纠正和/或纠正措施进行验证（适用时）；

检查组在结束检查前，应对检查情况进行总结，向受检查方及认证委托人明确并确认存在的不符合项，对存在的问题进行说明。

302. 有机食品认证现场检查由哪些部门配合实施?

答：实地检查的不同阶段，应有受检查方的管理层、生产管理人员、内部检查人员、生产者配合实施检查。

303. 怎样才能取得有机食品认证检查员的任职资格?

答:认证检查员应按照《中华人民共和国认证认可条例》、《认证及认证培训、咨询人员管理办法》、《有机产品认证检查员注册准则》等有关规定取得中国认证认可协会（以下简称 CCAA）的执业注册资质后方可从事认证检查工作。申请注册的检查员必须具备注册办法中规定的关于教育、培训及专业能力方面的要求，首先参加 CCAA 认可的有机产品国家注册检查员培训班，并经笔试合格后方可参加面试，面试前检查员需具备注册专业相关实习检查经历并提交相关的申请面试注册文件，经 CCAA 文件审核合格后参加由 CCAA 统一组织的面试，并取得所在专业类别的注册后方可从事相应专业的检查工作。

304. 有机食品内部检查员的任职资格是什么?

答:《有机产品》标准规定，申请者应配备内部检查员并具备以下条件：

（1）了解国家相关的法律、法规及相关要求；

（2）相对独立于被检查对象；

（3）熟悉并掌握《有机产品》标准；

（4）具备农业生产和（或）加工的技术知识或经验；

（5）熟悉本单位的有机食品生产、加工和经营管理体系及生产和/或加工过程。

305. 有机食品内部检查员的职责是什么？

答：《有机产品》标准规定内部检查员的职责是：

（1）按照《有机产品》标准要求,对本企业的管理体系进行检查，并对违反本部分的内容提出修改意见；

（2）按照 GB/T 19630.1、GB/T 19630.2、GB/T 19630.3 的要求，对本企业生产、加工过程实施内部检查，并形成记录；

（3）配合认证机构的检查和认证。

306. 有机食品认证证书的有效期是多久？

按照国际惯例，有机食品标志认证一次有效许可期限为1年。1年期满后可申请“保持认证”，通过检查、审核合格后方可继续使用有机食品标志。

307. 有机食品生产中必须采取哪些质量控制措施？

答：采取的质量控制措施如下：

（1）有机食品生产企业应配备一名有机食品生产、加工的管理者，一名内部检查员。

（2）依据《有机产品》GB/T19630 要求，制定并实施《有机产品质量管理手册》；制定并实施有机食品生产、加工、经营操作规程。

（3）建立完善产品的可追溯体系，实施生产、加工和经营记录。

（4）定期进行内部检查，及时改进不符合项。

308. 有机食品生产过程记录档案包括哪些内容？

答：有机产品生产、加工，经营者应建立并保护记录。记录应清晰准确，并为有机食品生产、加工活动提供有效证据。记录至少保存五年并应包括但不限于以下内容：

（1）生产单元的历史记录及使用禁用物质的时间及使用量；

（2）种子、种苗、种畜禽等繁殖材料的种类、来源、数量等信息；

（3）肥料生产过程记录；

（4）土壤培肥施用肥料的类型、数量、使用时间和地块；

（5）病、虫、草害控制物质的名称、成分、使用原因、使用量和使用时间等；

（6）动物养殖场所有进入、离开该单元动物的详细信息（品种、来源、识别方法、数量、进出日期、目的地等）。

（7）动物养殖场所有药物的使用情况，包括：产品名称、有效成分、使用原因、用药剂量；被治疗动物的识别方法、治疗数目、治疗起始日期、销售动物或其产品的最早日期。

（8）动物养殖场所有饲料和饲料添加剂的使用详情，包括种类、成分、使用时间及数量等；

（9）所有生产投入品的台账记录（来源、购买数量、使用去向与数量、库存数量等）及购买单据；

（10）植物收获记录，包括品种、数量、收获日期、收获方式、生产批号等；

（11）动物（蜂）产品的屠宰、捕捞、提取记录；

（12）加工记录，包括原料购买、入库、加工过程、包装、标识、储藏、出库、运输记录等；

（13）加工厂有害生物防治记录和加工、贮存、运输设施清洁记录；

（14）销售记录及有机标识的使用管理记录；

（15）培训记录；

（16）内部检查记录。

309. 在哪些情况下注销、暂停或撤销有机食品认证证书？

答：《有机产品认证实施规则》8.3 条规定，有下列情形之一的，认证机构应当注销获证组织认证证书，并对外公布：

（1）认证证书有效期届满前，未申请延续使用的；

（2）获证产品不再生产的；

（3）认证委托人申请注销的；

（4）其他依法应当注销的情形。

《有机产品认证实施规则》8.4 条规定，有下列情形之一的，认证机构应当暂停认证证书 1～3 个月，并对外公布：

（1）未按规定使用认证证书或认证标志的；

（2）获证产品的生产、加工过程或者管理体系不符合认证要求，且在 30 日内不能采取有效纠正或（和）者纠正措施的；

（3）未按要求对信息进行通报的；

（4）认证监管部门责令暂停认证证书的；

（5）其他需要暂停认证证书的情形。

《有机产品认证实施规则》8.5 条规定，有下列情形之一的，认证机构应当撤销认证证书，并对外公布：

（1）获证产品质量不符合国家相关法规、标准强制要求或者被检出禁用物质的；

（2）生产、加工过程中使用了有机产品国家标准禁用物质或者受到禁用物质污染的；

（3）虚报、瞒报获证所需信息的；

（4）超范围使用认证标志的；

（5）产地（基地）环境质量不符合认证要求的；

（6）认证证书暂停期间，认证委托人未采取有效纠正或者（和）纠正措施的；

（7）获证产品在认证证书标明的生产、加工场所外进行了再次加工、分装、分割的；

（8）对相关方重大投诉未能采取有效处理措施的；

（9）获证组织因违反国家农产品、食品安全管理相关法律法规，受到相关行政处罚的；

（10）获证组织不接受认证监管部门、认证机构对其实施监督的；

（11）认证监管部门责令撤销认证证书的；

（12）其他需要撤销认证证书的。

认证证书被注销或撤销后，不能以任何理由予以恢复。

被暂停证书的获证组织，需认证证书暂停期满且完成不符合项纠正或（和）纠正措施并经认证机构确认后方可恢复认证证书。

310. 已获认证证书的有机食品若不符合认证标准要求，如何处罚？

答：已获认证证书的有机食品若不符合认证标准要求，根据《有机产品认证管理办法》第六章规定处罚：

（1）对有机配料含量低于 95%的加工产品实施有机产品认证的，责令改正，并处 2 万元罚款；

（2）责令改正，并处 1 万元以上 3 万元以下罚款；

（3）对伪造、冒用、买卖、转让有机产品认证证书、认证标志等其他违法行为，依照有关法律、行政法规、部门规章的规定予以处罚；

（4）有机产品认证机构、有机产品检测机构以及从事有机产品认证活动的人员出具虚假认证结论或者出具的认证结论严重失实的，按照《中华人民共和国认证认可条例》第六章的规定予以处罚。

311. 有机食品认证的申（投）诉受理原则是什么？

答：《有机产品认证管理办法》第三十七条规定“申请人对有机产品认证机构的认证结论或者处理决定有异议的，可以向作出结论、决定的认证机构提出申诉，对有机产品认证机构的处理结论仍有异议的，可以向国家认证认可监督管理委员会申诉或者投诉。”为保护各相关方的合法权益，维护认证的公正性，根据国家有关法律、法规、认证认可条例有关规定，中绿华夏有机食品认证中心特制定《处理申诉、投诉、争议控制程序》。

（1）申诉、投诉和争议的范围 适用于各有关方对中绿华夏有机食品认证中心的申诉、投诉和争议，同样适用于对已获中绿华夏有机食品认证

中心认证的企业的投诉。

（2）申诉、投诉和争议的程序 。

（3）申诉由中绿华夏有机食品认证中心管理委员会负责指派人员调查、核实。

（4）发展部负责投诉、争议的受理。

（5）中绿华夏有机食品认证中心管理委员会可根据调查情况提出处理意见，并报主任批准。

（6）对申诉、投诉、争议处理意见书通知申诉方、投诉方和争议方。

（7）如果对处理结果有异议，申诉方、投诉方和争议方有权采取进一步的上诉行为。

（8）处理过程中如有费用发生，由败诉方承担。

（9）与申诉、投诉、争议有直接利害关系的人员，在申诉、投诉、争议的处理过程中均要予以回避。

（四）农产品地理标志

312. 农产品地理标志公共标识图案内涵是什么?

答：农产品地理标志公共标识基本图案由中华人民共和国农业部中英文字样、农产品地理标志中英文字样和麦穗、

地球、日月图案等元素构成，如下图所示。麦穗代表生命与农产品，同时整体上看是一个地球在宇宙中的运动状态，体现了农产品地理标志和地球、人类共存的内涵。公共标识基本组成色彩为绿色和橙色，绿色象征农业和环保，橙色寓意丰收和成熟。

313. 农产品地理标志登记的作用是什么？

答：农产品地理标志是长期的农业生产和百姓生活中形成的地方优良物质文化财富，建立农产品地理标志登记制度，对优质、特色的农产品进行地理标志保护，是合理利用与保护农业资源、农耕文化的现实要求，有利于培育地方主导产业，形成有利于知识产权保护的地方特色农产品品牌。

314. 农产品地理标志登记的依据是什么？

答：农业部颁布的《农产品地理标志管理办法》是农产品地理标志登记的直接依据，其上位法是《中华人民共和国农业法》和《中华人民共和国农产品质量安全法》。

315. 农产品地理标志保护有关的国际法有哪些?

答：农产品地理标志保护有关的国际法主要包括《保护工业产权巴黎公约》、《制止商品产地虚假或欺骗性标记马德里协定》、《保护原产地及其国际注册里斯本协定》、《与贸易有关的知识产权协议》（TRIPs）。

316. 哪些产品可以申请农产品地理标志登记?

答:农产品地理标志登记范围是来源于农业的初级产品，即在农业活动中获得的植物、动物、微生物及其产品。主要包括蔬菜、果品、粮食、食用菌、油料、糖料、茶及饮料植物、香料、药材、花卉、烟草、棉麻蚕桑、畜禽产品、水产品等。

317. 哪个部门负责农产品地理标志登记工作?

答：农业部负责全国农产品地理标志的登记工作，农业部农产品质量安全中心负责农产品地理标志登记的审查和专家评审工作。省级人民政府农业行政主管部门负责本行政区域内农产品地理标志登记申请的受理和初审工作。农业部设立的农产品地理标志登记专家评审委员会负责专家评审。

318. 农产品地理标志登记应当符合哪些条件？

答：申请地理标志登记的农产品，应当符合下列条件：

（1）称谓由地理区域名称和农产品通用名称构成；

（2）产品有独特的品质特性；

（3）产品品质和特色主要取决于独特的自然生态环境和人文历史因素；

（4）产品有限定的生产区域范围和特定的生产方式；

（5）产地环境、产品质量符合国家强制性技术规范要求。

319. 农产品地理标志名称如何确定？

答：农产品地理标志名称由地理区域名称和农产品通用名称组合构成。

农产品地理标志产品名称属于历史沿袭和传承名称，尊重历史称谓和俗称，申请登记时不应人为加以调整或臆造。

“地理区域名称”可以是行政区划名称（如“兴化大闸蟹”的兴化是指江苏省兴化市）和自然区域名称（如“天目青顶”的天目是指浙江省临安市的天目山），也可以是特定地理位置指向性名称（如“晋祠大米”中的晋祠是指太原市风景名胜晋祠周边的区域）；“农产品通用名称”可以是约定俗成的产品名称（如土豆、洋芋），也可以是动植物分类学中的农产品通用名称（如马铃薯），但要尊重当地传统称谓。

320. 什么是产品独特的品质特性?

答：产品独特的品质特性是指由独特自然生态环境或特定生产方式等因素所形成的独特感官特征及独特的内在品质指标。独特感官特征是指通过人的感官（视觉、味觉、嗅觉、触觉等）能够感知、感受到的特殊品质及风味；内在品质指标是指需要通过仪器检测的可量化的独特理化品质指标，如富含膳食纤维、富含某种维生素或矿质元素、富含某种生理活性物质等。

章丘大葱历史悠久，驰名中外，深受世界各地消费者喜爱，有“葱王”之称。其产品独特的品质特性表现为葱白长且直，一般 50～60 厘米，最长 1 米左右，葱白茎粗可达 5 厘米。其口感脆嫩爽口、无筋无渣、少辛辣，最宜生食。

321. 什么是产品特定的生产方式?

答：特定的生产方式是指影响登记产品品质特色形成和保持的特定生产方式，如产地要求、品种范围、生产控制、产后处理等相关特殊性要求。

例如：马家沟芹菜叶茎嫩黄、梗直心空、棵大鲜嫩、清香酥脆、营养丰富、品质上乘。该产品优良品质的形成与特定的生产方式有关。马家沟芹菜采用密植栽培，每亩种植 25 000～30 000 株，芹菜叶片生长到一定时期后，因叶片互相遮阴减少光照，使产品品质十分脆嫩，有“玻璃脆”、“水晶心”之美誉。

322. 什么是独特的自然生态环境?

答：独特的自然生态环境是指影响登记产品品质特色形成和保持的独特产地环境因子，如独特的光照、温湿度、降水、水质、地形地貌、土质等。

例如：北义井甜瓜产于忻定盆地，其地域土壤盐碱成分较高。生长在盐碱地上的香瓜，不仅能促进生育、提早成熟、还能增加糖分。其独特的自然生态环境使北义井甜瓜瓜香四溢，皮薄肉厚，香甜脆嫩，多汁爽口，极受市场欢迎，有“游五台山圣境，吃北义井甜瓜”之说。

323. 什么是人文历史因素?

答：人文历史因素包括登记产品形成的历史、人文推动因素、独特的文化底蕴等内容。

324. 农产品地理标志登记收取费用吗?

答：农产品地理标志登记不收取费用。县级以上人民政府农业行政主管部门应当将农产品地理标志管理经费编入本部门年度预算。

325. 农产品地理标志登记申请人应具备哪些资质?

答：农产品地理标志登记申请人应当是由县级以上地方人民政府择优确定的农民专业合作经济组织、行业协会等社团法人或事业法人，并满足以下三个条件：

（1）具有监督和管理农产品地理标志及其产品的能力；

（2）具有为地理标志农产品生产、加工、营销提供指导服务的能力；

（3）具有独立承担民事责任的能力。

农产品地理标志所在地县级以上地方人民政府及所属农业行政主管部门负责对申请人的条件进行评定。评定内容包括：

（1）申请人是否具备符合条件的办公场所和相应的专业技术人员；

（2）申请人是否具有指导标志使用人进行生产、加工的质量控制技术规范和推进产销衔接的经营渠道；

（3）申请人是否持有合法的社团法人或者事业法人证书。

326. 申请人主要有哪些类型？

答：申请人类型主要包括农民专业合作经济组织、社团法人和事业法人。农民专业合作经济组织如“米脂小米”的证书持有人米脂县金颗粒小米专业合作社；社团法人包括协会、学会等，如“麻城福白菊”的证书持有人为麻城市福白菊产业协会，“凉山清甜香烤烟”的证书持有人为凉山州烟草学会；事业法人包括技术推广站、畜牧兽医站、产业办公室等，如“莱阳五龙鹅”的证书持有人为莱阳市照旺庄畜牧兽医工作站，“延庆国光苹果”的证书持有人为延庆县果品服务中心。

327. 企业和个人能否作为农产品地理标志登记申请人？

答：农产品地理标志是由特定地域内符合一定生产规范的生产者共同创造的，是由这些生产者共有的知识产权，为防止这种权利被企业、个人独占，因此农产品地理标志登记不接受企业和个人的申请。

328. 为什么登记申请人需要政府授权？

答：农产品地理标志是一种带有地域公共属性的知识产权，经营管理农产品地理标志的组织或机构必须最大程度的代表该地区符合质量控制技术规范的生产者；另外，同时还必须具有相关得资质和能力，政府授权实际上是以政府公信力对登记申请人的代表性及其资质和能力的保证。

329. 如何办理申请人资格确定性文件？

答：农产品地理标志登记申请人应当向县级以上地方政府农业行政主管部门提交如下申请材料：

（1）申请书；

（2）单位概况；

（3）监督管理标志使用人规范生产、规范使用标志的控制措施；

（4）专业技术人员统计报表及主要专业技术人员资格文件复印件；

（5）指导农产品地理标志生产、加工的技术规范和经营渠道说明；

（6）社团法人或事业法人证书复印件。

县级以上地方人民政府农业行政主管部门受理申请后，应当及时对申请材料进行审查，并对申请人的条件进行现场核查确认。经审查，符合登记申请人条件的，报同级地方人民政府进行审定，由同级地方人民政府出具登记申请人资格唯一性确定性文件批复。

330. 申请登记需要提交哪些材料?

答：申请人应向省级农产品地理标志工作机构提交以下材料：

（1）登记申请书；

（2）申请人资质证明；

（3）农产品地理标志产品品质鉴定报告；

（4）质量安全技术规范；

（5）地域范围确定性文件和生产地域分布图；

（6）产品实物样品或者样品图片；

（7）其他必要的说明性或者证明性材料。

331. 如何确定地域范围和绘制分布图?

答：申请人应当根据产品分布实际情况和人文历史资料，以最新版行政区域规划图为蓝本，合理确定和绘制申请登记产品地域分布图。地域分布图应当准确标示出申请登记产品的生产区域范围和生产地域边界线，做到地域完整、边界清晰。地域分布图应当界定到所辖村或乡（镇），边界线采用加宽线条进行标示。必要时，可以加注相关文字说明。申请人应当将所绘制的地域分布图报送所在地县级以上地方人民政府农业行政主管部门审核确认后，方可作为登记申请的附报材料。

332. 如何编制产品质量控制技术规范?

答：产品质量控制技术规范应当包括地域范围、独特自然生态环境、特定生产方式、产品品质特色及质量安全规定、标志使用规定等内容。重点要体现产地、生产方式、产品的独特性及人文历史因素。具体请参见《中华人民共和国农产品地理标志质量控制技术规范（编写指南）》（农质安发[2010]16 号）。

333. 如何提交农产品地理标志品质鉴定报告?

答：农产品地理标志产品品质鉴定报告由鉴评报告和检测报告组成。鉴定报告提交形式如下：

（1）产品外在感官特征显著，而内在品质指标不显著的，提交鉴评报告；

（2）产品外在感官特征不显著，而内在品质指标显著的，提交检测报告；

（3）产品外在感官特征和内在品质指标均显著的，同时提交鉴评报告和检测报告。

334. 如何组织产品品质鉴评?

答：由申请人向省级农产品地理标志工作机构提出鉴评申请。省级工作机构组织相关专家成立品质鉴评组，按照农产品地理标志质量控制技术规范进行鉴评，出具《农产品地理标志产品品质鉴评报告》。省级工作机构负责组织鉴评工作，主持鉴评会，省级工作机构内部人员不作为品质鉴评专家组成员。具体参见《农产品地理标志产品感官品质鉴评规范》。

335. 如何进行品质检测?

答：由申请人向农产品地理标志产品品质鉴定检测机构提出检测申请。检测机构接到申请人委托任务后，应当按照规定要求和农产品地理标志质量控制技术规范进行抽样、检测，出具《农产品地理标志产品品质检测报告》。

336. 如何成为农产品地理标志鉴定检测机构?

答：检测机构须由农业部农产品质量安全中心审查合格并签订资质委托协议，成为农产品地理标志鉴定检测机构后，方可开展相应的产品品质鉴定检测工作。

337. 农产品地理标志鉴定检测机构资质委托需要什么条件?

答：申请承担农产品地理标志产品品质鉴定工作的检测机构应当具备下列条件：

（1）通过国家计量认证，且计量认证证书在有效期内；

（2）具备农产品地理标志产品品质鉴定相对应的检测能力；

（3）具备与产品品质鉴定检测相适应的人员、仪器、方法、场所环境和管理制度。

属于《农产品质量安全检测机构考核办法》（第7号部令）规定应当由农业部考核合格的检测机构，还应当通过农业部考核且考核合格证书在有效期内。

338. 产品样品图片有哪些要求？

答：产品图片应为彩色照片，必须真实、清晰、准确、全面反映产品特征。

339. 说明性和证明性材料包括哪些内容？

答：主要包含产品的人文历史及其他有关佐证文件。表现形式主要包括：产品生产历史；县志、市志等历史文献记载；诗词歌赋、传记、传说、轶事、典故等记载；民间流传的该类产品民风、民俗、歌谣、饮食、烹饪等；名人的评价与文献；荣获省级以上名牌产品获奖情况；媒体宣传、报道、图片；等等。人文历史佐证材料可为多种表现形式，但所列表现形式的前两项必须提供。人文历史文字描述应有对应的佐证材料。

340. 省级工作机构有哪些审查程序?

答：省级工作机构自受理农产品地理标志登记申请之日起，应当在45个工作日内完成申请材料的初审和现场核查，并提出初审意见。符合条件的，将申请材料和初审意见报送农业部农产品质量安全中心；不符合条件的，应当在提出初审意见之日起10个工作日内将相关意见和建议通知申请人。

341. 如何开展现场核查?

答：省级农产品地理标志工作机构应当根据初审情况拟定现场核查计划。现场核查计划包括现场核查的时间、地点、内容、程序和人员构成等要素。现场核查工作根据《农产品地理标志现场核查工作程序》进行。

现场核查完成后，核查组应当对核查结果进行综合判定，做出现场核查结论。

342. 农业部农产品质量安全中心有哪些审查程序?

答：农业部农产品质量安全中心负责农产品地理标志登记的审查和专家评审工作。农业部农产品质量安全中心自收到申请材料和初审意见之日起20个工作日内，对申请材料进行审查，提出审查意见，并组织专家评审。

343. 专家评审的重点内容有哪些?

答：专家评审工作由农产品地理标志登记评审委员会承

担。专家评审重点包括以下内容：

（1）申请人资质证明；

（2）产品的典型特征特性；

（3）产品品质鉴定报告；

（4）申请人制订的质量控制技术规范；

（5）产品地域范围界定和生产地域分布确定审核。

经专家评审通过的，由农业部农产品质量安全中心代表农业部向社会公示。

344. 农产品地理标志如何公示?

答：申请材料经专家评审通过的，由农业部农产品质量安全中心代表农业部在农民日报、中国农业信息网、中国农产品质量安全网等公共媒体上对登记的产品名称、登记申请人、登记的地域范围和相应的质量控制技术规范等内容进行为期30日的公示。

345. 对公示产生异议应如何处理?

答：对公示内容有异议的单位和个人，应当自公示之日起30日内以书面形式向农业部农产品质量安全中心提出，并说明异议的具体内容和理由。农业部农产品质量安全中心应当将异议情况转所在地省级农业行政主管部门提出处理建议后，组织农产品地理标志登记专家评审委员会复审。

346. 农产品地理标志由哪个部门颁证?

答：公示无异议的，由农业部农产品质量安全中心报农业部做出决定。准予登记的，颁发《中华人民共和国农产品地理标志登记证书》并公告，同时公布登记产品的质量控制技术规范。

347. 农产品地理标志登记证书有效期多长?

答：农产品地理标志登记证书长期有效。但有下列情形之一的，登记证书持有人应当按照规定程序提出变更申请：

（1）登记证书持有人或者法定代表人发生变化的；

（2）地域范围或者相应自然生态环境发生变化的。

登记的地理标志农产品或登记证书持有人不符合《农产品地理标志管理办法》第七条、第八条规定的，由农业部注销其地理标志登记证书并对外公告。

348. 如何申请登记证书变更?

答：登记证书持有人应当向省级农业行政主管部门提出变更申请。经省级农业行政主管部门审查同意后，报农业部农产品质量安全中心。变更申请内容符合规定要求的，由农业部农产品质量安全中心按照《农产品地理标志登记程序》第十条和第十一条的规定进行公示和处理。同意变更的，重新核发《中华人民共和国农产品地理标志登记证书》并公告，原登记证书予以收回、注销。

349. 标志使用人应具备什么条件?

答：符合下列条件的单位和个人，可以向登记证书持有人申请使用农产品地理标志：

（1）生产经营的农产品产自登记确定的地域范围；

（2）已取得登记农产品相关的生产经营资质；

（3）能够严格按照规定的质量技术规范组织开展生产经营活动；

（4）具有地理标志农产品市场开发经营能力。

使用农产品地理标志，应当按照生产经营年度与登记证书持有人签订农产品地理标志使用协议，在协议中载明使用的数量、范围及相关的责任义务。

350. 农产品地理标志登记证书持有人与标志使用人是什么关系?

答：农产品地理标志登记证书持有人与标志使用人是契约管理关系，证书持有人与标志使用人之间要签订标志使用协议。

农产品地理标志登记证书持有人应当建立规范有效的标志使用管理制度，对农产品地理标志使用人实行动态管理、定期检查，并提供技术咨询与服务。

农产品地理标志使用人应当建立农产品地理标志使用档案，如实记载地理标志使用情况，并接受登记证书持有人的监督。

351. 如何申请使用农产品地理标志?

答：符合《农产品地理标志管理办法》第十五条规定条件的标志使用申请人可以向登记证书持有人提出标志使用申请，并提交下列材料：

（1）使用申请书；

（2）生产经营者资质证明；

（3）生产经营计划和相应质量控制措施；

（4）规范使用农产品地理标志书面承诺；

（5）其他必要的证明文件和材料（应包括产品质量安全检测报告或无公害农产品、绿色食品、有机食品认证证书）。

经审核符合标志使用条件的，农产品地理标志登记证书持有人应当按照生产经营年度与标志使用申请人签订农产品地理标志使用协议，在协议中载明标志使用数量、范围及相关责任义务。

农产品地理标志使用协议生效后，标志使用人方可在农产品或者农产品包装物上使用农产品地理标志，并可以使用登记的农产品地理标志进行宣传和参加展览、展示及展销活动。

352. 农产品地理标志使用协议时限为几年?

答：农产品地理标志使用协议期限为三年。协议期满，农产品地理标志登记证书持有人和标志使用人按原程序需重新签订协议。

353. 农产品地理标志使用人享有哪些权利?

答：农产品地理标志使用人享有以下权利：

（1）可以在产品及其包装上使用农产品地理标志；

（2）可以使用登记的农产品地理标志进行宣传和参加展览、展示及展销。

354. 农产品地理标志使用人承担哪些义务?

答：农产品地理标志使用人应当履行以下义务：

（1）自觉接受登记证书持有人的监督检查；

（2）保证地理标志农产品的品质和信誉；

（3）正确规范地使用农产品地理标志。

355. 使用全国统一加贴型防伪标识有什么好处?

答：有以下好处：

（1）防伪。防伪标识采用荧光防伪特种油墨印制，具有很高的防卫性，由于标签制作工艺的特殊性，从根本上防止标识造假者的批量伪造。

（2）保真。通过加贴防伪标识，为高附加值的产品提供了安全可靠和低成本的可防伪性能的标识，实现对正品的扶持和对假冒产品的有效限制，保护生产经营着的权益。

（3）易识别。防伪标识覆盖 17 位防伪查询数码，消费者可通过短信、电话、网络三种方式查询产品真伪。帮助消费者识别产品是否是地理标志农产品，是对农产品地理标志品质和信誉的最好证明。

（4）易监管。防伪标识增强了可追溯性，监管部门能够对防伪标识的主体、用途和使用数量情况进行有效控制。

356. 获得证书后，如何指导推广使用加贴型防伪标识？

答：（1）加强宣传。大力宣传防伪标识的好处和作用，让授权企业真正了解标识使用的相关政策，提高用标意识，自觉使用标识。

（2）加强培训。各地要加强对登记证书持有人的培训工作，充分发挥登记证书持有人的桥梁和纽带作用，由登记证书持有人发动授权企业规范足额用标。

（3）建立激励机制。各地要建立防伪标识的激励机制，对于规范用标和主动申报用标的授权企业，可以给予适当奖励，对于不主动用标或长期不用的，可停止授权，终止协议。

357. 如何订制标志？

答：标志使用人选择全国可追溯防伪加贴型标识时，应根据年度实际生产量，进行订制，并填写防伪加贴型标识征订单，注明数量，经农产品地理标志登记证书持有人审核后，将标识制作成本费支付给证书持有人，由证书持有人统一订制防伪标志；或证书持有人审核后，由标志使用人自行订制。

358. 各级农业行政主管部门如何进行证后监管？

答：县级以上农业行政主管部门应当加强农产品地理标志监督管理工作，定期对登记的地理标志农产品的地域范围、标志使用等进行监督检查。

农产品地理标志登记证书持有人应当定期向所在地县级以上农业行政主管部门报告农产品地理标志使用情况。县级以上农业行政主管部门应当加强对农产品地理标志使用情况的监督检查。

县级以上农业行政主管部门应当定期将农产品地理标志使用及监督检查情况逐级报省级农业行政主管部门。省级农业行政主管部门应当于每年 1 月底前向农业部农产品质量安全中心报送上一年度农产品地理标志使用及监督检查情况。农业部农产品质量安全中心汇总全国农产品地理标志使用及监督检查情况，并于每年 2 月底前报农业部。

359. 地理标志农产品生产经营者的责任是什么?

答：地理标志农产品的生产经营者应当建立质量控制管理体系。农产品地理标志登记证书持有人和标志使用人，对地理标志农产品的质量和信誉负责。

360. 对冒用农产品地理标志的行为应如何进行处罚?

答：任何单位和个人不得冒用农产品地理标志。冒用农产品地理标志的，依照《中华人民共和国农产品质量安全法》第五十一条规定处罚，即责令改正，没收违法所得，并处 2000 元以上 20 000 元以下的罚款。